21 世纪普通高等教育基础课规划教材

大学物理实验 I

第 3 版

主　编　黄耀清　王　竑　赵宏伟
副主编　张　欣　李　琳　王向欣　尹亮亮
参　编　葛坚坚　刘聚坤　王　欢　庞晓莹
李月锋　张灿云　戴翠霞　汪惠明
王丽亚

机 械 工 业 出 版 社

本书是在2009年出版的《大学物理实验》和2011年出版的《大学物理实验》（第2版）的基础上，为了更好地适应我校人才培养的目标和定位，适应课程体系的变化，根据教育部高等学校物理学与天文学教学指导委员会物理基础课程教学指导分委会2010年制定的《理工科类大学物理实验课程教学基本要求》，整合新编实验项目，结合编者多年从事大学物理实验教学的实践经验编写而成。全书共有27个实验，以力学、光学和应用性项目为主，分成三个教学层次：第一层次为基础性实验，由12个实验项目组成；第二层次为综合与应用性实验，由8个实验项目组成；第三层次为设计与创新性实验，由7个实验项目组成。书中既精选了传统的验证性实验，又适当引入了应用性的实验项目，部分实验或采用新的测量方法，或使用更为先进、精确的测量仪器，在一定程度上反映出近几年来大学物理实验课程教学改革和发展的趋势。

本书可作为高等工科院校各相关专业大学物理实验课程的教材或参考书，也可供相关专业广大科技工作者和工程技术人员参考。

图书在版编目（CIP）数据

大学物理实验. Ⅰ/黄耀清，王竑，赵宏伟主编.
—3版. —北京：机械工业出版社，2017.2（2019.1重印）
21世纪普通高等教育基础课规划教材
ISBN 978-7-111-55690-9

Ⅰ.①大… Ⅱ.①黄…②王…③赵… Ⅲ.①物理学-实验-高等学校-教材 Ⅳ.①04-33

中国版本图书馆CIP数据核字（2016）第323571号

机械工业出版社（北京市百万庄大街22号 邮政编码100037）
策划编辑：张金奎 责任编辑：张金奎 姜 凤
责任校对：段凤敏 责任印制：常天培
唐山三艺印务有限公司印刷
2019年1月第3版·第4次印刷
169mm×239mm·10.5印张·197千字
标准书号：ISBN 978-7-111-55690-9
定价：22.50元

凡购本书，如有缺页、倒页、脱页，由本社发行部调换

电话服务	网络服务
服务咨询热线：010-88379833	机 工 官 网：www.cmpbook.com
读者购书热线：010-88379649	机 工 官 博：weibo.com/cmp1952
	教育服务网：www.cmpedu.com
封面无防伪标均为盗版	金 书 网：www.golden-book.com

前　言

2010年教育部高等学校物理学与天文学教学指导委员会物理基础课程教学指导分委会制定了《理工科类大学物理实验课教学基本要求》。按照这份文件的要求，2011年8月我们编写并出版了《大学物理实验》（第2版）。《大学物理实验》（第2版）至今已经使用了五年多时间，一方面在实验教学过程中发现其中存在一些问题需要修订；另一方面，根据物理实验中心的课程建设所开设的新实验没能包含在第2版教材中。因此，为了更好地适应我校人才培养的目标和定位，适应课程体系的变化，我们在第2版的基础之上，对教材做了修订。根据教学需要，新版分为两册出版：《大学物理实验Ⅰ》和《大学物理实验Ⅱ》。

本书为《大学物理实验Ⅰ》，共编入27个实验项目：大部分为经典的基础实验项目，意在使学生学会使用基本仪器，掌握基本的实验技能，为后续学习打下基础；另外部分则是近年来在我校物理实验中心重点建设过程中新建的实验项目，这些实验项目融合了科研领域中的新成果和现代应用技术，使本书的内容在兼顾基础的同时又具有时代性和先进性。根据我们的教学改革思路和我校现行的物理实验课程体系，本书在结构上将实验项目按其性质划分为三个层次，内容以力学、光学和应用性项目为主：第一层次为基础性实验项目；第二层次为综合与应用性实验项目；第三层次则是设计与创新性实验项目。如此划分层次，意在通过由浅入深、由易到难、由基础到综合和应用的物理实验教学模式，使学生的科学实验能力和创新能力能够循序渐进地得到提高。

本书的编写与我校物理实验中心的建设与发展紧密相连，是全体实验教师和实验技术人员长期以来辛勤耕耘、努力工作、不断改革创新的结果，是集体智慧的结晶。本书在编写和修订过程中得到了校内外许多同仁的关心和帮助，并借鉴了兄弟院校教学改革的经验和参阅了有关的优秀教材，在此一并致以衷心感谢。同时也非常感谢机械工业出版社的编辑对本书出版发行给予的大力支持。

物理实验教学改革是一项长期的任务，随着教学改革的不断深入，以及新的实验内容和新的实验技术手段的不断出现，加之编者水平有限，书中难免会有不够完善和不妥当之处，恳请各位同仁及广大读者提出宝贵意见。

编　者

2016年12月

目　　录

绪　论

一、物理实验课的意义和目的

物理学是工程技术学科的理论基础，它本质上是一门实验科学。物理规律的发现和物理理论的建立，都必须以严格的科学实验为基础，并为以后的科学实验所验证，物理学的发展是在实验和理论两方面相互推动和密切配合下进行的。

作为培养21世纪高素质创新人才的高等院校，不仅要加强学生专业基础理论的学习，而且更应注意对他们实践能力的培养。物理实验是物理课必不可少的重要组成部分，是学生进行科学实验基本训练的一门必修基础课程，它既是学生进入大学后受到系统实验方法和技能训练的开始，又是后续专业课程实验的基础。

作为一门独立的基础课程，物理实验具有自身独特的教学目的、教学方法及教学内容。物理实验课程对学生能力和素质的培养不仅包括一般的实验技能，也包括实验过程中发现问题和解决问题的能力、综合分析的能力、创造性思维的能力、总结表达的能力，还包括实验者的科学态度和求是精神，以及爱护实验仪器、节省实验材料的良好品德和习惯。这是理论思维能力所不能替代的。开设物理实验课程的具体目的如下。

（1）使学生通过对物理实验现象的观察、测量和分析，学习物理实验知识，加深对物理学一些基本概念和规律的认识和理解。

（2）培养和提高学生的科学实验能力，其中包括：

1）通过阅读教材或资料，做好实验的准备。

2）正确使用基本仪器设备，掌握基本物理量的测量方法和技术。

3）运用物理理论对实验现象进行初步分析判断。

4）正确记录和处理实验数据、分析实验结果、撰写合格的实验报告。

5）完成简单的具有设计性内容的实验。

（3）培养和提高学生的科学实验素养。要求学生具有对待科学实验一丝不苟的严谨态度，理论联系实际和实事求是的工作作风，勇于探索、创新的精神，以及遵守纪律、团结协作、爱护公物的优良品德。

二、物理实验课的基本程序

物理实验课的基本程序一般可分为以下三个阶段：

1. 课前预习

为了保证在规定的课时内高质量地完成实验课的任务，学生在做实验前必须进行预习。预习时应仔细阅读实验教材，理解教材所叙述的实验原理，明确实验操作的大体步骤，必要时还需查阅有关参考资料，在此基础上写好实验前的预习报告。在预习报告中应简单扼要地叙述实验原理，列出实验所依据的主要公式，做出必要的原理图示（或线路图示），并画好数据记录表格。

物理实验的预习工作是以学生自习为主的，它是学生了解实验和学习实验的第一步，同学们应在思想上引起重视，自觉地抓好这一环节。

2. 课堂实验

课堂实验是实验课的重要环节。开始实验前，要熟悉有关仪器的性能及操作规程，进一步明确本实验的具体要求。做实验时，应按实验步骤和要求，认真调试仪器，仔细观察测量有关的物理量，并正确、如实地在预习报告的数据记录表格内记录测量数据。此外，还应记录必要的实验条件，仪器编号、规格以及实验现象等。在与他人合作做实验时，应分工协作，互相配合。

实验完毕，应将测量的数据记录交给指导教师审阅，经教师认可签字后，整理好仪器方可离开实验室。

3. 完成实验报告

写实验报告是对实验全过程进行总结和深入理解的一个重要步骤。实验报告的内容包括：

（1）实验名称、实验者姓名、学号、课程序号、实验日期等。

（2）实验目的。

（3）实验原理。简明，并附有必要的公式及原理图。

（4）实验仪器。主要仪器的名称、编号及规格。

（5）实验内容。概括说明实验进行的主要程序，所测量的物理量及采用的观测方法。

（6）数据记录与处理。将原始数据转记于报告上，并根据实验的具体要求进行正确的数据处理（包括必要的计算过程、实验曲线、不确定度的计算等），写出测量结果表达式。

（7）讨论。回答思考题和分析讨论实验结果（如实验中出现的某些现象及存在问题的讨论，误差来源的分析，实验装置和方法的改进意见等）。

书写实验报告时，要求努力做到字迹端正，文句通顺，数据记录整洁，图表正确，内容简明扼要。实验报告应在课堂实验后独立完成，并在下次实验时交指导教师批阅（要求附上预习报告）。

第一章　不确定度和数据处理基础知识

第一节　测量与误差

一、测量

在物理实验中，不仅要观察物理现象，而且要定量地测量物理量的大小。所谓测量，就是采取一定的方法，利用某种仪器将被测量与标准量进行比较，确定被测量的量值。按测量方法可将测量分为两类。

（1）直接测量：直接用计量仪器读出被测量值的测量方法。例如，用直尺测量物体长度，用天平称物体的质量。这些由直接测量获得的未经任何处理的数据称作原始数据。

（2）间接测量：需根据待测量和某几个直接测量值的函数关系求出待测量的测量方法。例如，用单摆测重力加速度 g 时，可以先测出摆长 L 和周期 T，再用公式 $g=(4\pi^2/T^2)L$ 算出 g，这里对 g 的测量就是间接测量。

由此可见，直接测量是间接测量的基础。在物理实验中，许多物理量的测量是间接测量。

二、测量误差

测量的目的是要获得待测物理量的真值。所谓真值是指在一定条件下，某物理量客观存在的真实值。但由于测量仪器的局限，理论或测量方法的不完善，实验条件的不理想及观测者欠熟练等原因，所得到的测量值与真值之间总存在着一定的差异，这种差异称为测量误差。测量误差的定义为

$$\text{测量误差} = \text{测量值} - \text{真值} \tag{1.1-1}$$

它反映了测量值偏离真值的大小和方向，故又被称为绝对误差。一般来说，真值仅是一个理想的概念。实际测量中，一般只能根据测量值确定测量的最佳值，通常取多次重复测量的平均值作为最佳值。

绝对误差可以评价某一测量的可靠程度，但若要比较两个或两个以上的不同测量结果时，就需要用相对误差来评价测量的优劣。相对误差定义为

$$\text{相对误差} = \frac{\text{绝对误差}}{\text{测量最佳值}} \times 100\% \tag{1.1-2}$$

有时被测量有公认值或理论值，还可用“百分误差”来表征：

$$百分误差=\left|\frac{测量最佳值-公认值}{公认值}\right|\times 100\% \tag{1.1-3}$$

既然测量中的误差是不可避免的，因此实验者应根据实验要求和误差限度来制订或选择合理的测量方案和仪器，分析测量中可能产生的各种误差，尽可能消除其影响，并对测量结果中未能消除的误差做出估计。

三、误差的分类

根据误差的性质及其来源，可将它分类如下。

（1）系统误差：由于偏离测量规定条件或测量方法不完善等因素所引起的按某种确定规律出现的误差。

系统误差的特点是测量结果向某一确定的方向偏离，或按一定规律变化。其产生原因有以下几个方面：仪器本身的缺陷（如刻度不准、不均匀或零点没校准等），理论公式或测量方法的近似性（如伏安法测电阻时没考虑电表的电阻；用单摆周期公式 $T=2\pi\sqrt{L/g}$测 g 的近似性），环境影响（温度、湿度、光照等与仪器要求的环境条件不一致），实验者个人因素（如操作的滞后或超前、读数总是偏大或偏小）等。由上述特点可知，在相同条件下，增加测量次数是不可能消除或减小系统误差的。但是，如果能找出产生系统误差的原因，就可采取适当的方法来消除或减小它的影响，并对结果进行修正。实验中一定要注意消除或减小系统误差。

（2）随机误差：在同一条件下，多次测量同一物理量时，出现的绝对值和符号以不可预见方式变化着的误差。

实验中，即使已经消除了系统误差，但在同一条件下对某物理量进行多次测量时，仍存在差异，误差时大时小，时正时负，呈现无规则的起伏，这是因为存在随机误差的缘故。

随机误差是由某些偶然的或不确定的因素所引起的。例如，实验者受到感官的限制，读数会有起伏；实验环境（温度、湿度、风、电源电压等）无规则的变化，或是测量对象自身的涨落等。这些因素的影响一般是微小的、混杂的，并且是无法排除的。

对某一次测量来说，随机误差的大小和符号都无法预计，完全出于偶然。但大量实验表明，在一定条件下对某物理量进行足够多次的测量时，其随机误差就会表现出明显的规律性，即随机误差遵循一定的统计规律。

四、定性评价测量的三个名词

在实验中，常用到准确度、精密度和精确度这三个不同的概念来评价测量结果。准确度高，是指测量结果与真值的符合程度高，反映了测量结果的系统误差小。精密度高，是指重复测量所得结果相互接近程度高（即离散程度小），反映了随机误差小。精确度高，是指测量数据比较集中，且逼近于真值，反映了测量的随机误差和系统误差都比较小。我们希望获得精确度高的测量结果。

第二节 测量的不确定度和测量结果的表示

一、测量的不确定度

不确定度是指由于测量误差的存在而对被测量值不能肯定的程度，它给出测量结果不能确定的误差范围。不确定度更能反映测量结果的性质，在国内外已经被普遍采用。

不确定度一般包含有多个分量，按其数值的评定方法可将分量归并为两类：用统计方法对具有随机误差性质的测量值计算获得的 A 类分量 Δ_A，以及用非统计方法计算获得的 B 类分量 Δ_B。

二、随机误差与不确定度的 A 类分量

1. 随机误差的分布与标准偏差

随机性是随机误差的特点，但在测量次数相当多的情况下，随机误差仍服从一定的统计规律。随机误差的分布规律有正态分布（又称高斯分布）、均匀分布、t 分布等，其中最常见的就是正态分布。正态分布的特征可以用正态分布曲线形象地表示出来，如图 1.2-1a 所示。图中，横坐标 x 表示某一物理量的测量值，纵坐标 $f(x)$ 表示测量值的概率密度：

$$f(x) = \frac{1}{\sigma\sqrt{2\pi}}\exp\left[-\frac{1}{2}\left(\frac{x-\mu}{\sigma}\right)^2\right] \tag{1.2-1}$$

式中，μ 表示 x 出现概率最大的值，在消除系统误差后，μ 为真值；σ 称为标准偏差，它是表征测量值离散程度的一个重要参量［σ 大，表示 $f(x)$ 曲线矮而宽，x 的离散性显著，测量的精密度低；σ 小，表示 $f(x)$ 曲线高而窄，x 的离散性不显著，测量的精密度高，如图 1.2-1b 所示］。

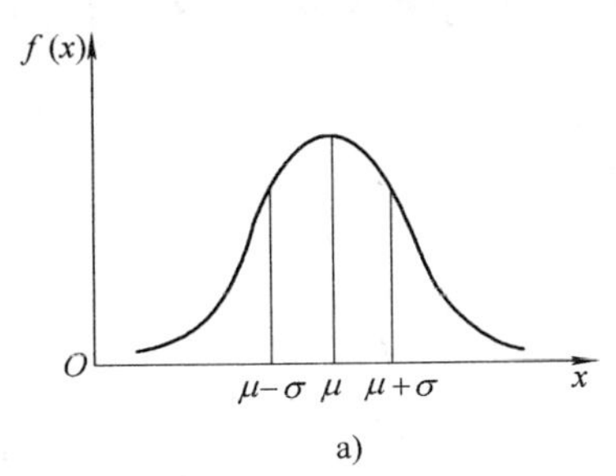

a)

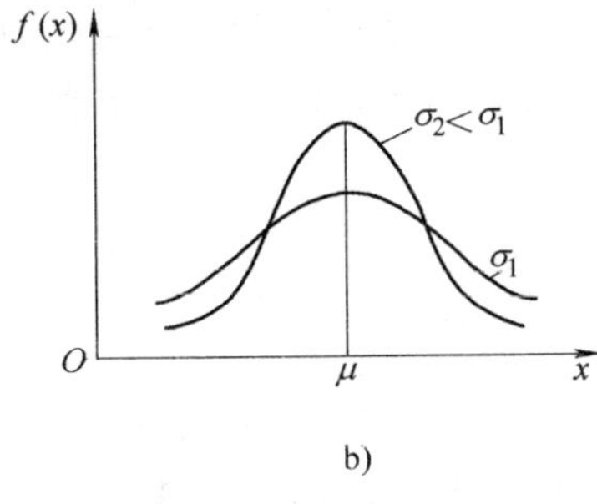

b)

图 1.2-1 正态分布曲线

定义 $P = \int_{x_1}^{x_2} f(x)\,\mathrm{d}x$，表示变量 x 在 (x_1, x_2) 区间内出现的概率，称为置信概率。x 出现在 $(\mu-\sigma, \mu+\sigma)$ 之间的概率为

$$P = \int_{\mu-\sigma}^{\mu+\sigma} f(x)\,\mathrm{d}x = 0.683$$

说明对任一次测量，其测量值出现在$(\mu-\sigma,\mu+\sigma)$区间内的可能性为0.683。为了给出更高的置信概率，置信区间可扩展为$(\mu-2\sigma,\mu+2\sigma)$和$(\mu-3\sigma,\mu+3\sigma)$，其置信概率分别为

$$P = \int_{\mu-2\sigma}^{\mu+2\sigma} f(x)\,\mathrm{d}x = 0.954$$

$$P = \int_{\mu-3\sigma}^{\mu+3\sigma} f(x)\,\mathrm{d}x = 0.997$$

由此可见，x 落在$[\mu-3\sigma,\mu+3\sigma]$区间以外的可能性很小，所以将 3σ 称为极限误差。

2. 多次测量平均值的标准偏差

由于随机误差的存在，决定了我们不可能得到真值，而只能对真值进行估算。根据随机误差的特点，可以证明，如果对一个物理量测量了相当多次后，其分布曲线趋于对称分布，算术平均值就是接近真值的最佳值。设在相同条件下，对某物理量 x 进行 n 次等精度重复测量，每一次测量值为 x_i，则算术平均值 $\bar{x}$ 为

$$\bar{x} = \frac{\sum_{i=1}^{n} x_i}{n} \tag{1.2-2}$$

若测量次数 n 有限，任一测量值的标准偏差可由贝塞尔公式近似地给出：

$$\sigma_x = \sqrt{\frac{\sum_{i=1}^{n} (x_i - \bar{x})^2}{n-1}} \tag{1.2-3}$$

其意义为任一次测量的结果落在$(\bar{x}-\sigma_x)$到$(\bar{x}+\sigma_x)$区间的概率为0.683。

由于算术平均值是测量结果的最佳值，因此我们更希望知道 $\bar{x}$ 对真值的离散程度。误差理论可以证明，$\bar{x}$ 的标准偏差为

$$\sigma_{\bar{x}} = \sqrt{\frac{\sum_{i=1}^{n} (x_i - \bar{x})^2}{n(n-1)}} = \frac{\sigma_x}{\sqrt{n}} \tag{1.2-4}$$

上式说明，平均值的标准偏差是 n 次测量中任意一次测量值标准差的 $1/\sqrt{n}$。$\sigma_{\bar{x}}$小于 σ_x 是因为算术平均值是测量结果的最佳值，它比任意一次测量值 x_i 更接近真值。$\sigma_{\bar{x}}$的意义是真值处于 $[\bar{x}\pm\sigma_{\bar{x}}]$ 区间内的概率为0.683。

上述结果是在测量次数相当多时，依据正态分布理论求得的。然而在物理实验教学中，测量次数往往较少（一般 $n<10$），在这种情况下，测量值将呈 t 分布。t 分布时，$x=\bar{x}\pm t_p\sigma_x/\sqrt{n}$的置信概率是 P。因子 t_p 与测量次数和置信概率有关，其

值可通过查 t 分布表得到。

3. 不确定度的 A 类分量

A 类分量由标准偏差 σ_x 乘以因子($t_p/\sqrt{n}$)求得，即

$$\Delta_A = \frac{t_p}{\sqrt{n}}\sigma_x \tag{1.2-5}$$

在大学物理实验中，置信概率建议取为 0.95。$t_{0.95}/\sqrt{n}$的值见表 1.2-1。

表 1.2-1 不同测量次数 n 时 $t_{0.95}$ 和 $t_{0.95}/\sqrt{n}$ 的数值

n	3	4	5	6	7	8	9	10	15	20	≥100
$t_{0.95}$	4.30	3.18	2.78	2.57	2.45	2.36	2.31	2.26	2.14	2.09	≤1.97
$\frac{t_{0.95}}{\sqrt{n}}$	2.48	1.59	1.204	1.05	0.926	0.834	0.770	0.715	0.553	0.467	≤0.139

从上表中可见，当置信概率为 0.95，$6\leqslant n\leqslant 10$ 时，$t_{0.95}/\sqrt{n}\approx 1$，则不确定度的 A 类分量可近似地直接取标准偏差 σ_x 的值，即

$$\Delta_A = \sigma_x \tag{1.2-6}$$

三、不确定度的 B 类分量

不确定度的 B 类分量是用非统计方法计算的分量，它应考虑到影响测量准确度的各种可能因素，因此，Δ_B 通常是多项的。Δ_B 的估计是测量不准确度估算中的难点，这有赖于实验者的学识、经验，以及分析和判断能力。从物理实验教学的实际出发，通常主要考虑的因素是仪器误差，在这种情况下，不确定度的 B 类分量可简化用仪器标定的最大允差 $\Delta_{仪}$ 来表述，即

$$\Delta_B = \Delta_{仪} \tag{1.2-7}$$

某些常用实验仪器的最大允差 $\Delta_{仪}$ 见表 1.2-2。

表 1.2-2 某些常用实验仪器的最大允差

仪器名称	量程	最小分度值	最大允差
钢板尺	150 mm	1mm	±0.10 mm
	500 mm	1mm	±0.15 mm
	1000 mm	1mm	±0.20 mm
钢卷尺	1m	1mm	±0.8 mm
	2 m	1mm	±1.2 mm
游标卡尺	125 mm	0.02 mm	±0.02 mm
		0.05 mm	±0.05 mm
螺旋测微计(千分尺)	0 ~ 25 mm	0.01 mm	±0.004 mm

（续）

仪器名称	量　程	最小分度值	最大允差
七级天平(物理天平)	500 g	0.05 g	0.08 g(接近满量程) 0.06 g(1/2 量程附近) 0.04 g(1/3 量程附近)
三级天平(分析天平)	200 g	0.1 mg	1.3 mg(接近满量程) 1.0 mg(1/2 量程附近) 0.7 mg(1/3 量程附近)
普通温度计(水银或有机溶剂) 精密温度计(水银)	0 ~ 100℃ 0 ~ 100℃	1℃ 0.1℃	±1℃ ±0.2℃
电表(0.5 级) 电表(0.1 级)			0.5% ×量程 0.1% ×量程
数字万用电表			$\alpha\% \cdot U_x + \beta\% \cdot U_m$(其中 U_x 表示测量值即读数，U_m 表示满度值即量程，α，β 对不同的测量功能有不同的数值。通常将 $\beta\% \cdot U_m$ 用“字数”表示，如“2 个字”等)

四、合成不确定度

合成不确定度 u 由 A 类不确定度 Δ_A 和 B 类不确定度 Δ_B 采用“方和根”合成方式得到，即

$$u = \sqrt{\Delta_A^2 + \Delta_B^2} \tag{1.2-8}$$

若 A 类分量有 m 个，B 类分量有 n 个，那么合成不确定度为

$$u = \sqrt{\sum_{i=1}^{m} \Delta_{A_i}^2 + \sum_{j=1}^{n} \Delta_{B_j}^2} \tag{1.2-9}$$

五、直接测量结果的表示

若用不确定度表征测量结果的可靠程度，则测量结果写成下列标准形式：

$$\begin{cases} x = \bar{x} \pm u \quad (\text{单位}) \\ u_r = \dfrac{u}{\bar{x}} \times 100\% \end{cases} \tag{1.2-10}$$

式中，u_r 为相对不确定度。

在大学物理实验中，可按以下过程估算不确定度：

(1) 求测量数据的算术平均值：$\bar{x} = \dfrac{\sum_{i=1}^{n} x_i}{n}$；并对已知的系统误差进行修正，

得到测量值（如螺旋测微计必须消除零误差）。

（2）用贝塞尔公式计算标准偏差：

$$\sigma_x = \sqrt{\frac{\sum_{i=1}^{n}(x_i - \bar{x})^2}{n-1}}$$

（3）对 A 类分量和 B 类分量进行简化，取 $\Delta_A = \sigma_x$，$\Delta_B = \Delta_{仪}$。

（4）由 Δ_A、Δ_B 合成不确定度：$u = \sqrt{\Delta_A^2 + \Delta_B^2}$，计算相对不确定度：$u_r = \frac{u}{\bar{x}} \times 100\%$。

（5）给出测量结果：

$$\begin{cases} x = \bar{x} \pm u \quad （单位） \\ u_r = \dfrac{u}{\bar{x}} \times 100\% \end{cases}$$

在某些精度要求不高或条件不许可的情况下，只需要进行单次测量。单次测量的结果仍应以式（1.2-10）表示，则 $\bar{x}$ 就是单次测量值，u 常用极限误差 Δ 表示。Δ 的取法一般有两种：一种是仪器标定的最大允差 $\Delta_{仪}$；另一种是根据不同仪器、测量对象、环境条件、测量者感官灵敏度等估计一个极限误差。两者中取数值较大的作为 Δ 值。

例 1.2-1　在室温 23 ℃下，用共振干涉法测量超声波在空气中传播时的波长 λ，数据见下表：

n	1	2	3	4	5	6
λ/cm	0.6872	0.6854	0.6840	0.6880	0.6820	0.6880

试用不确定度表示测量结果。

解　波长 λ 的平均值为

$$\bar{\lambda} = \frac{1}{6}\sum_{i=1}^{6}\lambda_i = 0.6858\ \text{cm}$$

任意一次波长测量值的标准偏差为

$$\sigma_\lambda = \sqrt{\frac{\sum_{i=1}^{6}(\bar{\lambda} - \lambda_i)^2}{(6-1)}} = \sqrt{\frac{2.9 \times 10^3 \times 10^{-8}}{5}}\ \text{cm} \approx 0.0024\ \text{cm}$$

实验装置的游标示值误差为 $\Delta_{仪} = 0.002\ \text{cm}$

波长不确定度的A 类分量为 $\Delta_A = \sigma_\lambda = 0.0024\ \text{cm}$

B 类分量为 $\Delta_B = \Delta_{仪} = 0.002\ \text{cm}$

于是，波长的合成不确定度为

$$u_\lambda = \sqrt{\Delta_A^2 + \Delta_B^2} = \sqrt{(0.0024)^2 + (0.002)^2}\ \text{cm} \approx 0.0031\ \text{cm}$$

相对不确定度为 $$u_{r\lambda} = \frac{u_\lambda}{\lambda} \times 100\% = 0.45\%$$

测量结果表达为 $$\begin{cases} \lambda = (0.686 \pm 0.003)\text{cm} \\ u_{r\lambda} = 0.5\% \end{cases}$$

六、间接测量不确定度的计算

在间接测量时，待测量是由直接测量量通过一定的数学公式计算而得到的。因此，直接测量量的不确定度就必然会影响到间接测量量，这种影响的大小也可以由相应的数学公式计算出来。设间接测量量 N 为相互独立的直接测量量 x，y，z，…的函数，即

$$N = F(x, y, z, \cdots)$$

设 x，y，z，…的不确定度分别为 u_x，u_y，u_z，…。它们必然影响间接测量结果，使 N 值也有相应的不确定度 u。由于不确定度都是微小的量，相当于数学中的“增量”，因此间接测量的不确定度的计算公式与数学中的全微分公式类似。不同之处是：①要用不确定度 u_x 等替代微分 dx 等；②要考虑到不确定度合成的统计性质，一般是用“方和根”的方式进行合成。于是，在物理实验中用以下两式来简化计算 N 的不确定度：

$$u_N = \sqrt{\left(\frac{\partial F}{\partial x}\right)^2 (u_x)^2 + \left(\frac{\partial F}{\partial y}\right)^2 (u_y)^2 + \left(\frac{\partial F}{\partial z}\right)^2 (u_z)^2 + \cdots} \tag{1.2-11}$$

$$u_r = \frac{u_N}{\overline{N}} = \sqrt{\left(\frac{\partial \ln F}{\partial x}\right)^2 (u_x)^2 + \left(\frac{\partial \ln F}{\partial y}\right)^2 (u_y)^2 + \left(\frac{\partial \ln F}{\partial z}\right)^2 (u_z)^2 + \cdots} \tag{1.2-12}$$

式中，$\overline{N} = f(\bar{x}, \bar{y}, \bar{z}, \cdots)$ 为间接测量量的最佳值。式（1.2-11）适用于 N 是和差形式的函数，式（1.2-12）适用于 N 是积商形式的函数。这两式也称为不确定度的传递公式。为了方便计算，一些常用函数的不确定度传递公式列于表 1.2-3。

表 1.2-3　常用函数的不确定度传递公式

测量关系	不确定度传递公式	测量关系	不确定度传递公式
$N = x + y$	$u = \sqrt{u_x^2 + u_y^2}$	$N = x/y$	$u_r = \sqrt{u_{rx}^2 + u_{ry}^2}$
$N = x - y$	$u = \sqrt{u_x^2 + u_y^2}$	$N = x^k \times y^m / z^n$	$u_r = \sqrt{(ku_{rx})^2 + (mu_{ry})^2 + (nu_{rz})^2}$
$N = kx$	$u = ku_x, u_r = \frac{u}{x}$	$N = \sin x$	$u = \lvert\cos x\rvert u_x$
$N = \sqrt[k]{x}$	$u = \frac{1}{k} \cdot \frac{u_x}{x}$	$N = \ln x$	$u = u_{rx}$
$N = xy$	$u_r = \sqrt{u_{rx}^2 + u_{ry}^2}$		

间接测量结果的表示方法与直接测量类似，写成以下形式：

$$\begin{cases} N = \overline{N} \pm u_N \quad (\text{单位}) \\ u_r = \dfrac{u_N}{\overline{N}} \times 100\% \end{cases} \tag{1.2-13}$$

用间接测量不确定度表示结果的计算过程如下：

（1）写出（或求出）各直接测量量的不确定度。

（2）依据 $N=F(x,y,z,\cdots)$ 的关系求出 $\dfrac{\partial F}{\partial x}$，$\dfrac{\partial F}{\partial y}$，…，或 $\dfrac{\partial \ln F}{\partial x}$，$\dfrac{\partial \ln F}{\partial y}$，…。

（3）利用式（1.2-11）或式（1.2-12）求出 u_N 和 u_r，亦可由表 1.2-3 所列的传递公式直接进行计算。

（4）给出实验结果：

$$\begin{cases} N = \overline{N} \pm u_N \quad (\text{单位}) \\ u_r = \dfrac{u_N}{\overline{N}} \times 100\% \end{cases}，其中\ \overline{N} = f(\overline{x},\overline{y},\overline{z},\cdots)$$

例 1.2-2　已知金属环的内径 $D_1=(2.880\pm0.004)\text{cm}$，外径 $D_2=(3.600\pm0.004)\text{cm}$，高度 $H=(2.575\pm0.004)\text{cm}$，求金属环的体积，并用不确定度表示实验结果。

解　金属的体积为

$$\overline{V}=\frac{\pi}{4}(D_2^2-D_1^2)H=\left[\frac{\pi}{4}\times(3.600^2-2.880^2)\times2.575\right]\text{cm}^3=9.436\ \text{cm}^3$$

求偏导：

$$\frac{\partial \ln V}{\partial D_2}=\frac{2D_2}{D_2^2-D_1^2},\quad \frac{\partial \ln V}{\partial D_1}=\frac{-2D_1}{D_2^2-D_1^2},\quad \frac{\partial \ln V}{\partial H}=\frac{1}{H}$$

则

$$u_{rV}=\frac{u_V}{\overline{V}}=\sqrt{\left(\frac{2D_2u_{D_2}}{D_2^2-D_1^2}\right)^2+\left(\frac{-2D_1u_{D_1}}{D_2^2-D_1^2}\right)^2+\left(\frac{u_H}{H}\right)^2}\xlongequal{\text{代入数据}}0.008=0.8\%$$

$$u_V=\overline{V}u_{rV}=(9.436\times0.008)\ \text{cm}^3\approx0.08\ \text{cm}^3$$

实验结果：$\begin{cases} V=(9.44\pm0.08)\text{cm}^3 \\ u_{rV}=0.8\% \end{cases}$

第三节　有效数字及其运算规则

一、有效数字的概念

任何一个物理量，其测量结果既然都包含误差，那么该物理量数值的尾数就不应该任意取舍。测量结果只写到开始有误差的那一位或两位数，以后的数按“四舍六入五凑偶”的法则取舍。“五凑偶”是指对“5”进行取舍的法则，如果5的前一位是奇数，则将5进上，使有误差末位为偶数，若5的前一位是偶数，则将5舍去。我们把测量结果中可靠的几位数字加上有误差的一到两位数字称为测量结果的有效数字。或者说，有效数字中最后一到两位数字是不确定的。可见，有效数字是表示不确定度的一种粗略的方法，而不确定度则是有效数字中最后一到两位数字不确定程度的定量描述，它们都是含有误差的测量结果。

有效数字的位数与小数点的位置无关。如1.23与123都是三位有效数字。

关于“0”是不是有效数字的问题，可以这样来判别：从左往右数，以第一个不为零的数字为起点，它左边的“0”不是有效数字，它右边的“0”是有效数字。例如，0.0123是三位有效数字，0.01230是四位有效数字。作为有效数字的“0”，不可以省略不写。例如，不能将1.3500 cm写作1.35 cm，因为它们的准确程度是不同的。

有效数字位数的多少，大致反映相对误差的大小。有效数字越多，则相对误差越小，测量结果的准确度越高。

二、数值书写规则

测量结果的有效数字位数由不确定度来确定。由于不确定度本身只是一个估计值，一般情况下，不确定度的有效数字位数只取一到两位。测量值的末位应与不确定度的末位取齐。在初学阶段，可以认为有效数字只有最后一位是不确定的。相应地，不确定度也只取一位有效数字，如$L=(1.00\pm0.02)\mathrm{cm}$。一次直接测量结果的有效数字，由仪器极限误差或估计的不确定度来确定。多次直接测量算术平均值的有效数字，也由仪器极限误差或估计的不确定度来确定。间接测量结果的有效数字，也是先算出结果的不确定度，再由不确定度来确定。

当数值很大或很小时，用科学计数法来表示。例如，某年我国人口为七亿五千万，极限误差为两千万，就应写作$(7.5\pm0.2)\times10^4$万，其中(7.5 ± 0.2)表明有效数字和不确定度，10^4万表示单位。又如，把$(0.000623\pm0.000003)\mathrm{m}$写作$(6.23\pm0.03)\times10^{-4}\mathrm{m}$，看起来就简洁醒目了。在进行单位换算时，应采用科学计数法，才不会使有效数字有所增减。例如，$3.8\ \mathrm{km}=3.8\times10^3\mathrm{m}$，不能写成3800 m；$5893\ \mathrm{Å}=5.893\times10^{-7}\mathrm{m}$。

三、有效数字的运算规则

数值运算是件重要的工作，为了使求得的测量结果既能保持原有的精确度，又能避免不必要的有效数字位数过多的运算，有效数字的运算必须按一定规则进行。

(1) 诸数相加减，其结果在小数点后所应保留的位数与诸数中小数点后位数最少的一个相同。

例如，

$$13.6\underline{5}+1.622\underline{0}=15.2\underline{7}$$

$$16.\underline{6}-8.3\underline{5}=8.\underline{2}$$

（2）诸数相乘除，结果的有效数字与诸因子中有效数字最少的一个相同。

例如，

$$24320 \times 0.341 = 8.29 \times 10^3$$

$$85425 \div 125 = 683$$

（3）乘方与开方的有效数字与其底数的有效数字位数相同。

（4）对于一般函数运算，将函数的自变量末位变化 1 个单位，运算结果产生差异的最高位就是应保留的有效位数的最后一位。

例如，

$$\sin 30°2' = 0.500503748$$

$$\sin 30°3' = 0.500755559$$

两者差异出现在第 4 位上，故 $\sin 30°2' = 0.5005$。这是一种有效而直观的方法，严格地说，要通过求微分的方法来确定函数的有效数字取位。

（5）常数 π，e 等在运算中一般可比测量值多取一位有效数字。

有效数字的位数多寡决定于测量仪器，而不决定于运算过程。因此，选择计算工具时，应使用其所给出的位数不少于应有的有效位数，否则将使测量结果精确度降低，这是不允许的；相反，通过计算工具随意扩大测量结果的有效位数也是错误的，不要认为算出结果的位数越多越好。

第四节　数据处理的基本方法

数据处理是指通过对数据的整理、分析和归纳计算而得到实验结果的加工过程。数据处理的方法较多，根据不同的实验内容及要求，可采用不同的方法。本节只介绍物理实验中常用的几种数据处理方法。

一、列表法

在记录实验数据时，需将数据列成表格。这样既可以简明地表示出有关物理量之间的关系，分析和发现数据的规律性，也有助于检验和发现实验中的问题。

列表要求：

（1）列表要简单明了，便于看出相关量之间的关系，便于数据处理。

（2）必须交代清楚表中各符号所代表物理量的意义，并写明单位。单位应写在标题栏里，不要重复记在各数值上。

（3）表中的数据要正确反映测量值的有效数字。

下面以测定金属电阻的温度系数为例，将数据列于表 1.4-1 中。

表 1.4-1　测定金属电阻的温度系数

序号	温度 t/℃	电阻 R/Ω	序号	温度 t/℃	电阻 R/Ω
1	10.5	10.42	4	60.0	11.80
2	29.4	10.92	5	75.0	12.24
3	42.7	11.32	6	91.0	12.67

二、作图法

作图法是将一系列实验数据之间的关系或其变化情况用图线直观地表示出来，也是物理实验中处理数据的常用方法。依据它可以研究物理量之间的变化关系，找出其中的规律，确定对应量的函数关系求取经验公式。用作图法处理数据的优点是直观、简便，并且做出的图线对多次测量有取平均的效果。

1. 作图要求

（1）选用合适的坐标纸：坐标纸有直角坐标纸（毫米方格纸）、对数纸和极坐标纸等几种，可根据数据处理的需要，选用坐标纸的种类和大小。

（2）画坐标轴：一般以横轴代表自变量，以纵轴代表因变量。在坐标纸上画两条粗细适当的、有一定方向的线表示纵轴和横轴，在轴的末端近旁标明所代表的物理量及其单位。

（3）坐标轴的比例与标度：

①为避免图纸上出现大片空白，而图线却偏于图纸一角的现象，在作图时应根据测量结果来合理选取两坐标轴的比例和坐标的起点。标度的选择应使图线显示其特点，标度应划分得当，以不用计算就能直接读出图线上每一点的坐标为宜。故通常用1，2，5，而不选用3，7，9来标度。两坐标轴的标度可以不同，坐标的标值起点在需要时也可以不从“0”点开始。对于特大、特小数值，可提出乘积因子，如提出$\times10^3$、$\times10^{-2}$等写在坐标轴物理量单位符号前面。

②坐标标度值的有效数字原则上是，数据中的可靠数字在图形中也是可靠的，数据中有误差的一位，即不确定度所在位，在图形中应是估读的。

（4）标出数据的坐标点：测量数据点用削尖的铅笔在坐标纸上以“+”符号标号，并使交叉点正好落在与实验数据对应的坐标上。若同一图形上需画几条图线时，则每条线上的数据点可采用不同的标记符号（如“×”、“⊙”等）以示区别。

（5）描绘图线：要用直尺或曲线板等作图工具，根据不同情况把点连成直线或光滑曲线，连线要细而清晰。由于测量存在不确定度，因此图线并不一定通过所有的点，而要求数据点均匀地分布在图线两旁。如果个别点偏差太大，应仔细分析后决定取舍或重新测定。用来对仪表进行校准时使用的校准曲线要通过校准点连成折线。

（6）标注图名：做好实验图线后，应在图纸上适当位置标明图线的名称，必要时在图名下方注明简要的实验条件。

2. 作图法求直线的斜率和截距

用作图法处理数据时，一些物理量之间为线性关系，其图线为直线，通过求直线的斜率和截距，可以方便地求得相关的间接测量的物理量。

（1）直线斜率的求法。若图线类型为直线方程 $y=a+bx$，可在图线上任取两

相距较远的点 $P_1(x_1,y_1)$ 和 $P_2(x_2,y_2)$，其 x 坐标最好为整数，以减小误差（注意不得用原始实验数据点，必须从图线上重新读取）。

可用一些特殊符号（如△）标定所取点 P_1 和 P_2，以区别原来的实验点。

由两点式求出该直线的斜率，即

$$b = \frac{y_2 - y_1}{x_2 - x_1} \tag{1.4-1}$$

（2）直线截距的求法。一般情况下，如果横坐标 x 的原点为零，直线延长和坐标轴交点的纵坐标 y 即为截距（即 $x=0$，$y=a$）。否则，将在图线上再取一点 $P_3(x_3,y_3)$，利用点斜式求得截距：

$$a = y_3 - \frac{y_2 - y_1}{x_2 - x_1}x_3 \tag{1.4-2}$$

利用描点作图求斜率和截距仅是粗略的方法，严格的方法应该用线性拟合最小二乘法，后面将予以介绍。

例 1.4-1　根据表 1.4-1 所列的实验数据，试利用作图法求金属电阻的温度系数。

解　根据作图要求做出 R-t 曲线如图 1.4-1 所示。

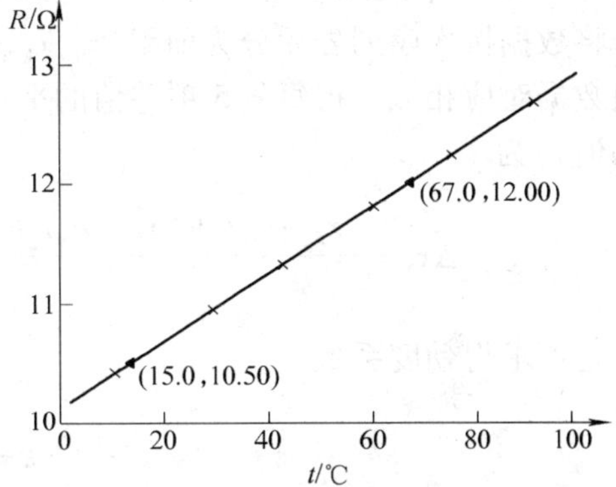

图 1.4-1　测定金属电阻温度系数 R-t 图线

从图可见 R-t 函数关系是线性的，即

$$R_t = R_0 + R_0\alpha t = R_0 + kt$$

式中，R_t 为任一温度 t 时的电阻值；截距 R_0 为 0 ℃时的电阻值；α 为电阻的温度系数；$k=R_0\alpha$ 为该直线的斜率。

延长该图线，可得 $t=0$ ℃时，$R_0 = 10.08\ \Omega$。

在线上取两点：$P_1(15.0, 10.50)$，$P_2(67.0, 12.00)$，可得图线的斜率为

$$k = \frac{R_2 - R_1}{t_2 - t_1} = \frac{12.00 - 10.50}{67.0 - 15.0}\ \Omega/℃ = 0.0288\ \Omega/℃$$

则金属电阻的温度系数为

$$\alpha = \frac{k}{R_0} = \frac{0.0288}{10.08}\ ℃^{-1} = 2.86 \times 10^{-3}\ ℃^{-1}$$

三、逐差法

在两个变量间的函数关系可表达为多项式形式，且在自变量为等间距变化的情

况下，常用逐差法处理数据。其优点是能充分利用测量数据而求得所需要的物理量。

对于一次函数形式，可用逐差法求因变量变化的平均值，具体做法是将测量值分成前后两组，将对应项分别相减，然后取平均值求得结果。举例说明如下。

已知弹簧的伸长量 x 与所加砝码质量 m 之间满足线性关系 $mg=kx$，其中 k 为弹簧的劲度系数。设弹簧悬挂在装有竖直标尺的支架上，记下弹簧下端点读数 x_0，然后依次在弹簧下端加上 1 kg，2 kg，…，9 kg 砝码，分别记下对应的弹簧下端点读数 x_1，x_2，…，x_9。根据求平均值定义，每增加 1 kg，弹簧伸长的平均值为

$$\overline{\Delta x_i}=\frac{\sum_{i=1}^{n}\Delta x_i}{n}=\frac{(x_1-x_0)+(x_2-x_1)+\cdots+(x_9-x_8)}{9}=\frac{x_9-x_0}{9}$$

在上式中，中间所测得的数据全部抵消，只有始末两个数据起作用，这与一次增加 9 kg 的单次测量是等价的。为了保持多次测量的优点，改用多项间隔逐差，即将数据按次序列先后分为前组（x_0,x_1,x_2,x_3,x_4）和后组（x_5,x_6,x_7,x_8,x_9），然后两组数据对应相减，得每隔 5 项差值的平均值（对应砝码增重 5 kg，弹簧伸长量的平均值）为

$$\overline{\Delta x_5}=\frac{(x_5-x_0)+(x_6-x_1)+(x_7-x_2)+(x_8-x_3)+(x_9-x_4)}{5}$$

于是可求得劲度系数

$$k=\frac{5mg}{\overline{\Delta x_5}}$$

四、最小二乘法

最小二乘法是一种常用的回归方法，通过这种方法能对实验数据进行比较精确的曲线拟合，以求出其经验方程。最小二乘法的统计判断是：对等精度测量，若存在一条最佳拟合曲线，那么各测量值与这条曲线上对应点之差的平方和应取最小值。实验曲线的拟合分为两类，一是已知函数 $y=f(x)$ 的形式，要确定其中未定参量的最佳值；二是要确定函数 $y=f(x)$ 的具体形式，即确定表示函数关系的经验公式，然后再确定其中参量的最佳值。在物理实验中大多属于第一类，因此下面仅介绍由已知函数关系来确定未知参量最佳值的方法。

设已知函数的形式为

$$y=b_0+b_1x \tag{1.4-3}$$

式中自变量只有 x，故称一元线性回归。实验得到一组数据为

$$x=x_1,\ x_2,\ \cdots,\ x_i$$

$$y = y_1,\ y_2,\ \cdots,\ y_i$$

如果实验没有误差，把$(x_1, y_1), (x_2, y_2), \cdots, (x_i, y_i)$代入式（1.4-3）时，方程左右两边应相等。但测量总存在误差，我们把这归结为y的测量偏差，并记为ε_1，ε_2，…，ε_i，如图1.4-2所示。

这样式（1.4-3）就应改写为

$$\begin{cases} y_1 - b_0 - b_1 x_1 = \varepsilon_1 \\ y_2 - b_0 - b_1 x_2 = \varepsilon_2 \\ \quad \vdots \\ y_k - b_0 - b_1 x_k = \varepsilon_k \end{cases} \quad (i = 1,\ 2,\ \cdots,\ k) \tag{1.4-4}$$

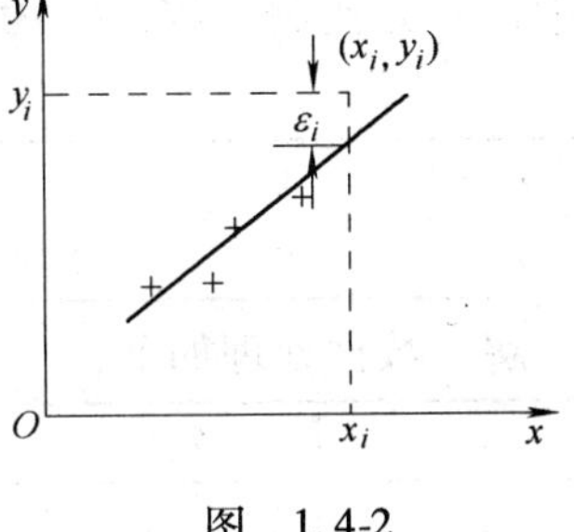

图 1.4-2

可利用方程组（1.4-4）来确定参数b_0和b_1，同时希望总的偏差ε为最小。根据误差理论可以推断：要满足以上要求，必须使各偏差的平方和为最小，即$\sum_{i=1}^{k}\varepsilon_i^2$最小，把式（1.4-4）中各式平方相加，可得

$$\sum_{i=1}^{k}\varepsilon_i^2 = \sum_{i=1}^{k}(y_i - b_0 - b_1 x_i)^2 \tag{1.4-5}$$

为求$\sum_{i=1}^{k}\varepsilon_i^2$的最小值，只需对式（1.4-5）中的$b_0$和$b_1$分别求偏微商。

（1）回归直线的斜率和截距的最佳估计值。

$$b_1 = \frac{\overline{xy} - \bar{x}\cdot\bar{y}}{\overline{x^2} - \bar{x}^2},\ b_0 = \bar{y} - b_1\bar{x} \tag{1.4-6}$$

（2）各参量的标准误差。

测量值偏差的标准误差为

$$\sigma_y = \sqrt{\frac{\sum_{i=1}^{k}\varepsilon_i^2}{k - n}} \tag{1.4-7}$$

式中，k为测量次数；n为未知量个数。

b_i值的标准误差为

$$\sigma_{b_0} = \sqrt{\overline{x^2}}\sigma_{b_1} \tag{1.4-8}$$

（3）检验。

在待定参量确定后，还要算一下相关系数γ，对于一元线性回归，γ定义为

$$\gamma = \frac{\overline{xy} - \bar{x}\cdot\bar{y}}{\sqrt{(\overline{x^2} - \bar{x}^2)(\overline{y^2} - \bar{y}^2)}} \tag{1.4-9}$$

γ值总是在0与±1之间。γ值越接近于1，说明实验数据分布密集，越符合求得的

直线。

例 1.4-2 根据测量结果，我们推测某物理 y 与另一物理量 x 成正比，即

$$y = b_1 x + b_0$$

式中，b_1 是比例常数；b_0 为截距，测量数见下表，试用最小二乘法作直线拟合求出 γ。

x_i	0	1	2	3	4	5
y_i	0	0.780	1.576	2.332	3.082	3.898

解 数据处理如下：

x_i	y_i	$x_i y_i$	x_i^2	y_i^2
0	0	0	0	0
1	0.780	0.780	1	0.608
2	1.576	3.152	4	2.484
3	2.332	6.996	9	5.438
4	3.082	12.3	16	9.499
5	3.898	19.490	25	15.194
$\sum_i x_i = 15$	$\sum_i y_i = 11.668$	$\sum_i x_i y_i = 42.746$	$\sum_i x_i^2 = 55$	$\sum_i y_i^2 = 33.223$

$$b_1 = \frac{\overline{xy} - \bar{x} \cdot \bar{y}}{\overline{x^2} - \bar{x}^2} = \frac{\frac{1}{6} \times 42.746 - \frac{1}{6} \times 15 \times \frac{1}{6} \times 11.668}{\frac{1}{6} \times 55 - \left(\frac{1}{6} \times 15\right)^2} = 0.7758$$

$$b_0 = \bar{y} - b_1 \bar{x} = \frac{1}{6} \times 11.668 - 0.7758 \times \frac{1}{6} \times 15 = 0.0052$$

$$\gamma = \frac{\overline{xy} - \bar{x} \cdot \bar{y}}{\sqrt{(\overline{x^2} - \bar{x}^2)(\overline{y^2} - \bar{y}^2)}} = 0.9994$$

以上结果表明，y 确实与 x 成直线关系，其直线方程为

$$y = 0.7758x + 0.0052$$

练 习 题

1. 测读实验数据。

（1）指出下列各量几位有效数字，再将各量改取成三位有效数字，并写成标准式。

①1.0850 cm； ②2575.0 g； ③3.141592654 s；

④0.86249 m； ⑤0.0301 kg； ⑥979.36 cm · s^{-2}。

（2）按照不确定度理论和有效数字运算规则，改正以下错误：

①0.30 m 等于 30 cm 等于 300 mm。

②有人说 0.1230 是五位有效数字，有人却说是三位有效数字，请改正并说明原因。

③某组测量结果表示为

$$d_1=(10.800\pm0.02)\,\text{cm}\qquad d_2=(10.800\pm0.123)\,\text{cm}$$

$$d_3=(10.8\pm0.02)\,\text{cm}\qquad d_4=(10.8\pm0.12)\,\text{cm}$$

试正确表示每次测量结果，计算各次测量值的相对不确定度。

2. 有效数字的运算。

（1）试完成下列测量值的有效数字运算：

①$\sin20°6'$　②$\lg480.3$　③$e^{3.250}$

（2）某间接测量的函数关系为 $y=x_1+x_2$，x_1，x_2 为实验值。

若　①$x_1=(1.1\pm0.1)\,\text{cm}, x_2=(2.387\pm0.001)\,\text{cm}$；

②$x_1=(37.13\pm0.02)\,\text{mm}, x_2=(0.623\pm0.001)\,\text{mm}$；

试求出 y 的实验结果。

（3）$Z=\alpha+\beta+\gamma$；其中 $\alpha=(1.218\pm0.002)\,\Omega$；$\beta=(2.1\pm0.2)\,\Omega$；$\gamma=(2.140\pm0.03)\,\Omega$。试计算出 Z 的实验结果。

（4）$U=IR$，今测得 $I=(1.00\pm0.05)\,\text{A}, R=(1.00\pm0.03)\,\Omega$，试算出 U 的实验结果。

（5）试利用有效数字运算法则，计算下列各式的结果（应写出每一步简化的情况）：

①$\dfrac{76.000}{40.00-2.0}=$　②$\dfrac{50.00\times(18.30-16.3)}{(103-3.0)(1.00+0.001)}=$

③$\dfrac{100.0\times(5.6+4.412)}{(78.00-77.0)\times10.000}+110.0=$

3. 实验结果表示。

（1）用1m的钢卷尺通过自准法测某凸透镜的焦距 f 值 8 次得：116.5 mm，116.8 mm，116.5 mm，116.4 mm，116.6 mm，116.5 mm，116.7 mm 和 116.2 mm，试计算并表示出该凸透镜焦距的实验结果。

（2）用精密三级天平称一物体的质量 m，共称 6 次，结果分别为 3.6127 g，3.6122 g，3.6121 g，3.6120 g，3.6123 g 和 3.6125 g，试正确表示实验结果。

（3）有人用停表测量单摆周期，测一个周期为 1.9 s，连续测 10 个周期为 19.3 s，连续测 100 周期为 192.8 s。在分析周期的误差时，他认为用的同一只停表，又都是单次测量，而一般停表的误差为 0.1 s，因此把各次测得的周期的误差均应取为 0.2 s。你的意见如何？理由是什么？若连续测 10 个周期（单位：s）数，10 次各为

19.3，19.2，19.4，19.5，19.3，19.1，19.2，19.5，19.4，19.5

该组数据的实验结果应为多少？

4. 用单摆法测重力加速度 g，得如下实测值：

摆长 L/cm	61.5	71.2	81.0	89.5	95.5
周期 T/s	1.571	1.696	1.806	1.902	1.965

请按作图规则作 L-T 图线和 L-T^2 图线，并求出 g 值。

5. 对某实验样品（液体）的温度，重复测量 10 次，得如下数据：

t/℃ =20.42，20.43，20.40，20.43，20.42，20.43，20.39，19.20，20.40，20.43

试计算平均值，并判断其中有无过失误差存在。

6. 试推出下列间接测量的不确定度的传递公式：

(1) $I = I_0 e^{-\beta x}$；　(2) $y = AX^B$；

(3) $N = \dfrac{\sin\dfrac{A+D}{2}}{\sin\dfrac{A}{2}}$；　(4) $E = \dfrac{mgl}{\pi r^2 L}$；

(5) $R_X = \left(\dfrac{R_1}{R_2}\right)R$；　(6) $N = 5 + x$。

7. 试指出下列实验结果表示中的错误，并写出正确的表达式：

(1) $l = 8.524\ \mathrm{m} \pm 50\ \mathrm{cm}$；　(2) $t = 3.75\ \mathrm{h} \pm 15\ \mathrm{min}$；

(3) $g = (9.812 \pm 14 \times 10^{-2})\ \mathrm{m/s^2}$；　(4) $S = \left(25.400 \pm \dfrac{1}{30}\right)\mathrm{mm}$。

8. 实验测得圆柱体质量 $m = (162.38 \pm 0.01)\mathrm{g}$，直径 $d = (24.927 \pm 0.005)\mathrm{cm}$，高度 $h = (39.92 \pm 0.02)\mathrm{cm}$，试计算圆柱体的密度 $\rho = \dfrac{4m}{\pi d^2 h}$ 和不确定度，写出测量结果表达式。并分析直接测量值 m、d 和 h 的不确定度对间接测量值 ρ 的影响。(即不确定度传递公式中哪一个单项不确定度的影响大?)

9. 用一米尺测量一物体的长度（单位：cm），测得的数值分别为 87.98，87.94，87.96，87.97，88.00，87.95，87.97，试求其平均值、不确定度。

10. 由 $R = R_0(1 + \alpha t)$ 测一金属导体的电阻温度关系，其中 α 为电阻温度系数，R_0 为该导体在 0℃时的电阻，实验测得的 R、t 数据见下表。

t/℃	15.0	20.0	25.0	30.0	35.0	40.0	45.0	50.0
R/Ω	28.05	28.52	29.10	29.56	30.10	30.57	31.00	31.62

试分别用作图法、逐差法和最小二乘法求电阻，确定出电阻温度关系的经验方程。

第二章　第一层次实验

实验一　固体密度的测量

长度测量是最基本的测量之一。测量长度的仪器有许多种，最常用的有米尺、游标卡尺、螺旋测微计等。有关测量长度的方法和技术已广泛地应用于其他物理量的测量中，如温度计和各种指示电表的示数，都是用长度（刻度）进行读数的。可见，长度的测量是一切测量的基础。

【实验目的】

1. 了解游标卡尺、螺旋测微计、物理天平、水银温度计的原理和结构，掌握它们的使用方法，学会正确读数、记录数据。

2. 掌握测量规则形状物体密度的方法。

3. 学习用流体静力秤法测量固体密度。

【实验原理】

若一物体的质量为 m，体积为 V，根据密度的定义，该物体的密度为

$$\rho = \frac{m}{V} \tag{1-1}$$

对于规则物体，我们很容易测得它的密度。当待测物体是一直径为 d，高度为 h 的圆柱体时，式（1-1）变为

$$\rho = \frac{4m}{\pi d^2 h} \tag{1-2}$$

只要测出圆柱体的质量 m、直径 d 和高度 h，代入式（1-2）即可算出该圆柱体的密度 ρ。一般来说，待测圆柱体各个断面的大小和形状都不尽相同，为了要精确测定圆柱体的体积，必须在它的不同位置测量直径和高度，求出直径和高度的算术平均值。

对于不规则物体，其体积较难测得，一般采用流体静力秤法测定密度。阿基米德原理指出：浸在液体中的物体受到一向上的浮力，其大小等于物体所排开液体的重量。根据这一定律，我们可以求出物体的体积。先称出待测固体在空气中的质量 m_1，然后把固体全部浸入水中（图 1-1a），记下此时天平的示数 m_2，固体在水中所受的拉力即为 $F_T = m_2 g$，此拉力等于固体的重力 $m_1 g$ 减去固体在水中受到的浮力（图 1-1b），而浮力的大小为 $F_{浮} = \rho_f V g$（ρ_f 为实验温度下水的密度，V 为固体的体

积)，即

$$m_2 g = m_1 g - \rho_f V g$$

于是，固体体积

$$V = \frac{m_1 - m_2}{\rho_f}$$

由式（1-1）可得，在某一温度时固体的密度

$$\rho = \frac{m_1}{m_1 - m_2}\rho_f \qquad (1\text{-}3)$$

由式（1-3）可见，只要测出 m_1、m_2，就可算得固体密度 ρ。（水的密度 ρ_f 可根据实验温度由附录查得。）

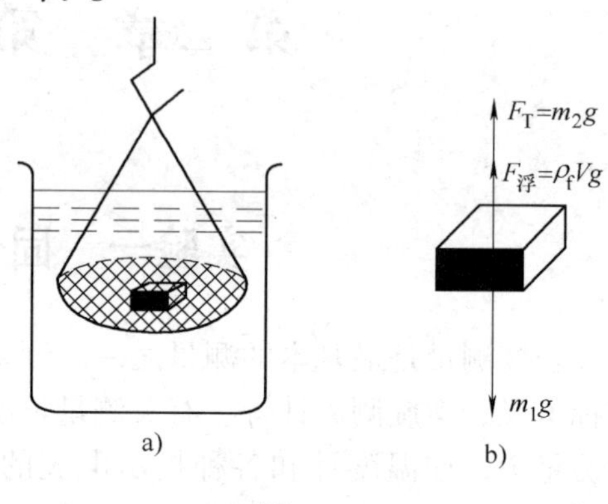

图 1-1

【实验仪器】

游标卡尺、螺旋测微计、电子天平、水银温度计、容器、镊子和待测物体若干。

【实验内容】

1. 测量规则物体的密度

（1）用游标卡尺、螺旋测微计测量被测物体的尺寸，并选不同位置测量6次，取算术平均值，自拟表格，记录数据。

（2）将电子天平按“去皮”键清零。

（3）将被测物体放入电子天平样品托盘中，称出该物体的质量 m。

（4）利用式（1-1）计算出该物体的密度。

2. 利用流体静力秤法测量固体密度

（1）将电子天平按“去皮”键清零。

（2）用电子天平称出被测固体在空气中的质量 m_1。

（3）将盛有大半杯水的容器放在天平支架下，按“去皮”键清零，用镊子将固体放入天平下面的网状秤盘内，使其全部浸入水中，记录天平的示数 m_2。

（4）用水银温度计测出实验室温度，查附录得到水的密度 ρ_f。

（5）利用式（1-3）计算出该物体的密度。

【注意事项】

1. 将固体全部浸入水中时，用镊子尽量将固体放入天平下面的网状秤盘的中间。

2. 将固体放入及取出的过程中，轻拿轻放。

【思考题】

1. 如何用本实验介绍的方法测量某种液体的密度？

2. 如果不规则物体密度比水小，试设计一种测量其密度的方法。

【附录】

水在一定温度下的密度

t/℃	0	0. 1	0. 2	0. 3	0. 4	0. 5	0. 6	0. 7	0. 8	0. 9
10	0. 99973	0. 99972	0. 99971	0. 9997	0. 99969	0. 99968	0. 99967	0. 99966	0. 99965	0. 99964
11	0. 99963	0. 99962	0. 99961	0. 9996	0. 99959	0. 99958	0. 99957	0. 99956	0. 99955	0. 99954
12	0. 99953	0. 99951	0. 9995	0. 99949	0. 99948	0. 99947	0. 99946	0. 99944	0. 99943	0. 99942
13	0. 99941	0. 99939	0. 99938	0. 99937	0. 99935	0. 99934	0. 99933	0. 99931	0. 9993	0. 99929
14	0. 99927	0. 99926	0. 99924	0. 99923	0. 99922	0. 9992	0. 99919	0. 99917	0. 99916	0. 99914
15	0. 99913	0. 99911	0. 9991	0. 99908	0. 99907	0. 99905	0. 99904	0. 99902	0. 999	0. 99899
16	0. 99897	0. 99896	0. 99894	0. 99892	0. 99891	0. 99889	0. 99887	0. 99885	0. 99884	0. 99882
17	0. 9988	0. 99879	0. 99877	0. 99875	0. 99873	0. 99871	0. 9987	0. 99868	0. 99866	0. 99864
18	0. 99862	0. 9986	0. 99859	0. 99857	0. 99855	0. 99853	0. 99851	0. 99849	0. 99847	0. 99845
19	0. 99843	0. 99841	0. 99839	0. 99837	0. 99835	0. 99833	0. 99831	0. 99829	0. 99827	0. 99825
20	0. 99823	0. 99821	0. 99819	0. 99817	0. 99815	0. 99813	0. 99811	0. 99808	0. 99806	0. 99804
21	0. 99802	0. 998	0. 99798	0. 99795	0. 99793	0. 99791	0. 99789	0. 99786	0. 99784	0. 99782
22	0. 9978	0. 99777	0. 99775	0. 99773	0. 99771	0. 99768	0. 99766	0. 99764	0. 99761	0. 99759
23	0. 99756	0. 99754	0. 99752	0. 99749	0. 99747	0. 99744	0. 99742	0. 9974	0. 99737	0. 99735
24	0. 99732	0. 9973	0. 99727	0. 99725	0. 99722	0. 9972	0. 99717	0. 99715	0. 99712	0. 9971
25	0. 99707	0. 99704	0. 99702	0. 99699	0. 99697	0. 99694	0. 99691	0. 99689	0. 99686	0. 99684
26	0. 99681	0. 99678	0. 99676	0. 99673	0. 9967	0. 99668	0. 99665	0. 99662	0. 99659	0. 99657
27	0. 99654	0. 99651	0. 99648	0. 99646	0. 99643	0. 9964	0. 99637	0. 99634	0. 99632	0. 99629
28	0. 99626	0. 99623	0. 9962	0. 99617	0. 99614	0. 99612	0. 99609	0. 99606	0. 99603	0. 996
29	0. 99597	0. 99594	0. 99591	0. 99588	0. 99585	0. 99582	0. 99579	0. 99576	0. 99573	0. 9957
30	0. 99567	0. 99564	0. 99561	0. 99558	0. 99555	0. 99552	0. 99549	0. 99546	0. 99543	0. 9954

实验二 热电偶定标实验

在现代工业自动控制系统中，温度控制是经常遇到的工作，对温度的自动控制有许多种方法。在实际应用中，热电偶的重要应用是测量温度，它是把非电学量（温度）转化成电学量（电动势）来测量的一个实际例子。用热电偶测温具有许多优点，如测温范围宽（-200～2000℃）、测量范围广、灵敏度和准确度较高、结构简单、不易损坏等。此外由于热电偶的热容量小，受热点也可做得很小，因而对温度变化响应快，对测量对象的状态影响小，可以用于温度场的实时测量和监控。热电偶在冶金、化工生产中用于高、低温的测量，在科学研究、自动控制过程中作为温度传感器，具有非常广泛的应用。

【实验目的】

1. 了解热电偶测温度的基本原理。
2. 测定温差电动势与冷、热端温差之间的关系曲线。
3. 完成热电偶定标工作。

【实验原理】

1. 温差电效应

温度是表征热力学系统冷热程度的物理量，温度的数值表示法叫作温标。常用的温标有摄氏温标、华氏温标和热力学温标等。

温度会使物质的某些物理性质发生改变。一般来讲，任一物质的任一物理性质只要它随温度的改变而发生单调的、显著的变化，都可用它来标志温度，制作温度计。常用的温度计有水银温度计、酒精温度计和热电偶温度计等。

在物理测量中，经常将非电学量（如温度、时间、长度等）转换为电学量进行测量，这种方法叫作非电量的电测法。其优点是不仅使测量方便、迅速，而且可提高测量精密度。温差电偶是利用温差电效应制作的测温元件。本实验是研究给定温差电偶的温差电动势与温度的关系。

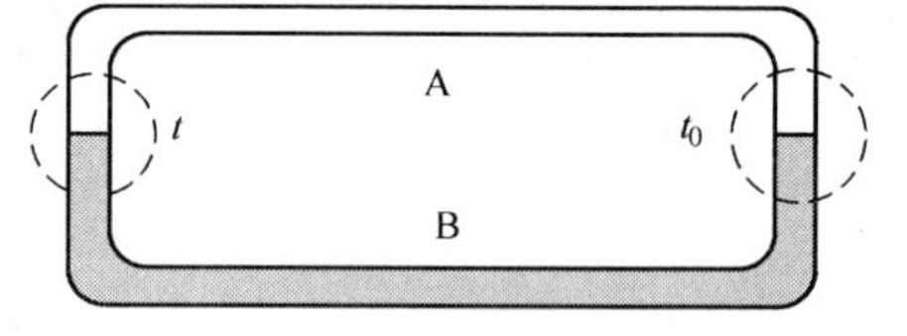

图 2-1 闭合电路

如果用 A、B 两种不同的金属构成一闭合电路，并使两接点处于不同温度，如图 2-1 所示，则电路中将产生温差电动势，并且有温差电流流过，这种现象称为温差电效应。

2. 热电偶

两种不同金属串接在一起，其两端可以和仪器相连进行测温的元件称为温差电偶，也叫热电偶，如图 2-2 所示。温差电偶的温差电动势与两接头温度之间的关系比较复杂，但是在较小温差范围内可以近似地认为温差电动势 E_t 与温度差（$t-t_0$）

成正比，即

$$E_t = c(t - t_0) \tag{2-1}$$

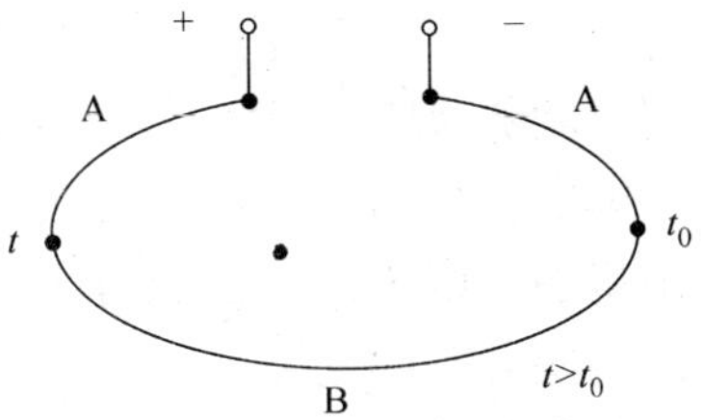

式中，t 为热端的温度；t_0 为冷端的温度；c 称为温差系数（或称温差电偶常量），单位为 $\mu V \cdot ℃^{-1}$，它表示两接触点的温度相差 1℃ 时所产生的电动势，其大小取决于组成温差电偶材料的性质；即

$$c = (k/e)\ln(n_{0A}/n_{0B}) \tag{2-2}$$

图 2-2 热电偶测温

式中，k 为玻尔兹曼常量；e 为电子电量；n_{0A} 和 n_{0B} 为两种金属单位体积内的自由电子数目。温差电偶与测量仪器有两种连接方式：①如图 2-3a 所示，金属 B 的两端分别和金属 A 焊接，测量仪器 M 插入 A 线中间；②如图 2-3b 所示，A、B 的一端焊接，另一端和测量仪器 M 连接。

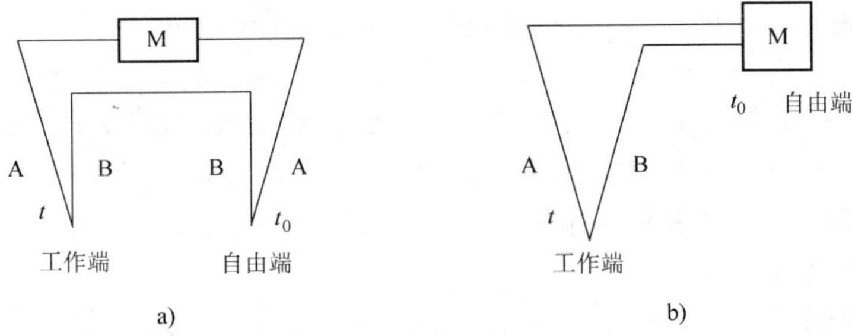

图 2-3 温差电偶与测量仪器的两种连接方式

在使用温差电偶时，总要将温差电偶接入电势差计或数字电压表，这样除了构成温差电偶的两种金属外，必须有第三种金属接入温差电偶电路中。理论上可以证明，在 A、B 两种金属之间插入任何一种金属 C，只要维持它和 A、B 的连接点在同一个温度，这个闭合电路中的温差电动势总是和只由 A、B 两种金属组成的温差电偶中的温差电动势一样。

温差电偶的测温范围可以从 −268.95 ℃ 的深低温直至 2800 ℃ 的高温。必须注意，不同的温差电偶所能测量的温度范围各不相同。

3. 热电偶的定标

热电偶定标的方法有两种。

（1）比较法

比较法即用被校热电偶与一标准组成的热电偶去测同一温度，测得一组数据，其中被校热电偶测得的热电势即由标准热电偶所测的热电势校准，在被校热电偶的使用范围内改变不同的温度，进行逐点校准，就可得到被校热电偶的一条校准曲线。

（2）固定点法

这是利用几种合适的纯物质在一定气压下（一般是标准大气压），将这些纯物质的沸点或熔点温度作为已知温度，测出热电偶在这些温度下对应的电动势，从而得到电动势-温度关系曲线，这就是所求的校准曲线。

本实验采用固定点法对热电偶进行定标。为了能够从测量电动势 E 值中直接得出待测温度 T 值，必须对所用的热电偶测定其电动势 E 与温度 T 的关系，这就是热电偶温度的定标。

【实验仪器】

热电偶、保温杯、万用电表、恒温磁力加热搅拌器、XTMF—100 智能数字显示调节仪。

【实验内容】

1. 测定热电偶当热端处于以下温度值时的热电势

（1）水的冰点，即0℃，将热电偶的热端放在冰水瓶里。

（2）PID 控温分别设定在 30.0 ℃，35.0 ℃，40.0 ℃，45.0 ℃，50.0 ℃，55.0 ℃，60.0 ℃，65.0 ℃，70.0 ℃，75.0 ℃，80.0 ℃，85.0 ℃，将热电偶的热端放在盛水烧杯里，测出相应的热电势，做出热电势-温度关系曲线。

（3）分别用逐差法和作图法处理数据，求出温差系数。

2. 计算出室温

【注意事项】

1. 为保持热电偶与铜管良好的接触，测量时应在铜管底部滴入几滴硅油，热电偶测温端应插入硅油中，不能悬空，一旦悬空，测量误差非常大。

2. 除接点外，热电偶丝之间及与铜管之间应保持良好的电绝缘，以免短路而造成测试错误。

【思考题】

1. 实验中为何要测量0℃的热电势？

2. 如何进行热电偶温度定标？

实验三　伏安法测电阻

为了描述电气元件（如电阻、钨丝灯、半导体二极管等）的电学性质，通常使用的一种方法是研究加在电气元件上面的电压和通过它的电流之间的关系，即用实验的方法测定电气元件的伏安特性，同时根据欧姆定律计算其电阻值，这种方法称为伏安法测电阻。然而，尽管伏安法测电阻原理简单、测量方便，但由于电压表和电流表内阻的影响、电表接法的不同，都会产生系统误差，为减少测量误差，必须在实验中选择适当的电表接法和合适的仪器。

【实验目的】

1. 掌握用电流表、电压表测量电阻的方法。
2. 学习使用恒流电源、稳压电源和数字万用表。
3. 认识实验中存在的系统误差，学会选择电表的接法以减小其影响。
4. 学习正确制作实验图线。

【实验原理】

伏安法测电阻的原理如图 3-1、图 3-2 所示，用电压表测得电阻两端的电压、电流表测得流过电阻的电流后，通过欧姆定律 $R=U/I$，即可计算出电阻值。伏安法测电阻有两种接线方法：电流表外接法（图 3-1）和电流表内接法（图 3-2）。由于电表内阻的影响，不论采用哪一种接法总存在系统误差，但经修正后都可获得正确结果。

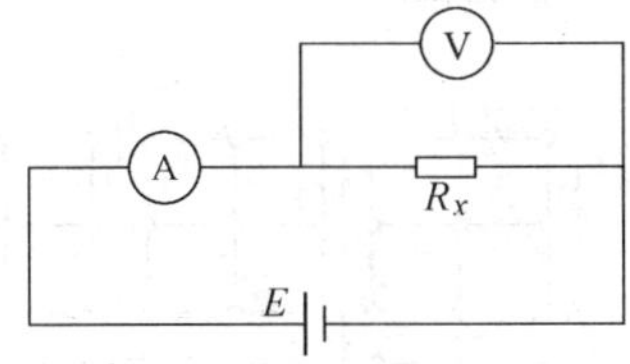

图 3-1　电流表外接法

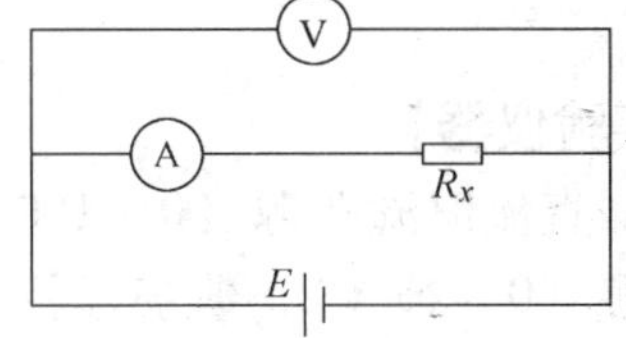

图 3-2　电流表内接法

1. 电流表外接法

在外接法中，电压表和待测电阻 R_x 并联后再与电流表串联，故电压表指示值就是 R_x 上的电压 U_x；而电流表的指示值 I 却包含了通过电压表的电流 I_V，即

$$U=U_x \qquad I=I_x+I_V \tag{3-1}$$

若用 R_V 表示电压表的内阻，则用外接法测得电阻值为

$$R=\frac{U}{I}=\frac{U_x}{I_x+I_V}=\frac{U_x}{I_x\left(1+\frac{I_V}{I_x}\right)} \tag{3-2}$$

对$\left(1+\frac{I_V}{I_x}\right)^{-1}$用二项式展开，当 $I_V << I_x$ 时有

$$R = R_x\left(1 - \frac{R_x}{R_V}\right) \tag{3-3}$$

此方法测得电阻比实际电阻 R_x 偏小，由电压表内阻引入的误差可用下列公式修正：

$$R_x = R\left(1 + \frac{R}{R_V}\right) \tag{3-4}$$

由式（3-3）可知，当 $R_x << R_V$ 时，$R_x \approx R$，即电阻阻值较小时可采用电流表外接法测量。

2. 电流表内接法

内接法中电流表和待测电阻 R_x 串联后与电压表并联，故电流表指示值等于通过 R_x 的电流 I_x；而电压表的指示值 U 却包含了电流表上的电压降 U_A，即

$$I = I_x \qquad U = U_x + U_A \tag{3-5}$$

若 R_A 表示电流表的内阻，则用内接法测得电阻值为

$$R = \frac{U}{I} = \frac{U_x + U_A}{I} = R_x + R_A = R_x\left(1 + \frac{R_A}{R_x}\right) \tag{3-6}$$

此方法测得电阻比实际电阻 R_x 偏大，由电流表内阻引入的误差可用下列公式修正：

$$R_x = R\left(1 - \frac{R_A}{R}\right) \tag{3-7}$$

由式（3-7）知，当 $R_x >> R_A$ 时，$R_x \approx R$，即电阻阻值较大时，可采用电流表内接法测量。

【实验仪器】

数显直流恒流电源（0 ~ 100 mA）、数显直流稳压电源（0 ~ 20 V）、数字万用表、九孔接线板、待测电阻 R_{x1}、R_{x2}、R_{x3}和导线若干。

九孔接线板（图 3-3），每 9 插孔为一节点，其内部连接在一起，相邻节点不连通。

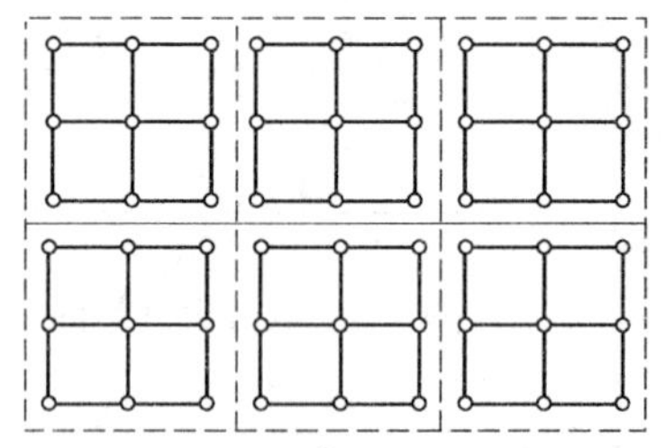

图 3-3　九孔接线板

【实验内容】

1. 用数字万用表的欧姆挡，测量三个待测电阻阻值，记录在表 3-1 中。

表　3-1

	R_{x1}	R_{x2}	R_{x3}
电阻标称值			
万用表测量值			
额定功率			

2. 用恒流电源作为电源（测量电路见图 3-4，即电流表外接法），测量待测电阻 R_{x1}，电流值由恒流电源数显表头读出，电压值用万用表测量。将测量数据记录在表 3-2 中，并用作图法求出该电阻的阻值。试分析如果用图 3-5 电路测量该电阻，结果会怎样。

表 3-2

I/mA	0	10	20	30	40	50	60	70	80	90	100
U/V											
由作图得 R_{x1} =											

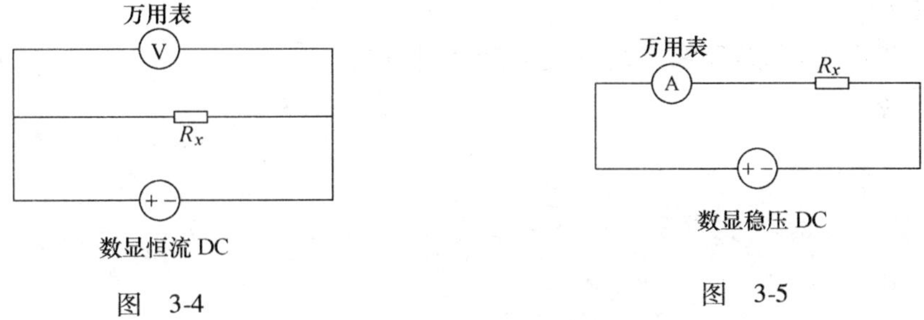

图 3-4　　　　图 3-5

3. 用稳压电源作为电源（测量电路见图 3-5，即电流表内接法），测量待测电阻 R_{x3}，电压值由稳压电源数显表头读出，电流值用万用表测量。将测量数据记录在表 3-3 中，并用作图法求出该电阻的阻值。试分析如果用图 3-4 电路测量该电阻，结果又会怎样。

表 3-3

U/V	0	2	4	6	8	10	12	14	16	18	20
I/mA											
由作图得 R_{x3} =											

4. 分别用图 3-4 和图 3-5 电路测量待测电阻 R_{x2}，将测量数据依次记录在表 3-4 中，并比较、分析测试数据。

表 3-4

I/mA	0	10	20	30	40	50	60	70	80	90	100
U/V											
U/V	0	1	2	3	4	5	6	7	8	9	10
I/mA											
分析比较：											

【注意事项】

1. 注意被测电阻额定功率，选择适当电压、电流测量范围，否则将烧坏电阻。

2. 使用数字万用表时，首先将表盘旋钮拨至所要测的物理量的相关挡上，然后将电表接入电路，如果要换挡，需断开线路。

3. 当万用表选择电流挡测量时，千万不能测量线路中的电压，否则将烧坏电表。

【思考题】

1. 如果没有恒流电源，且稳压电源输出是固定的，用伏安法测电阻如何进行？画出电路图。

2. 测量电阻还有哪些方法？简述它们的特点？

实验四　示波器的使用

示波器是利用电场对电子运动的影响来反映电压的瞬时变化过程。由于电子惯性小，因此示波器具有较宽的频率响应，可以用来观测变化极快的瞬时变化过程。它是一种常用的电子仪器，主要用于观察和测量电信号。配合各类传感器，它可以用来观察各种非电量的变化过程。示波器的应用是很广泛的。例如，在工业生产中用它来探伤和检验产品质量，在医学上用来诊断病状等。至于在无线电制造工业和电子测量技术的领域，它更是不可缺少的测量仪器。

【实验目的】

1. 了解示波器的主要组成部分以及示波器的波形显示原理。
2. 学习用示波器观测各类电压波形。
3. 学会用示波器观察李萨如图形并利用李萨如图形测量正弦波的频率。

【实验原理】

示波器的种类繁多，但是它们的主要组成部分以及波形显示原理是基本相同的。一般包括两大部分：示波管和控制示波管工作的电子电路。

1. 示波管

示波管是呈喇叭形的玻璃泡，被抽成高真空，内部装有电子枪和两对相互垂直的偏转板，喇叭口的球面内壁上涂有荧光物质，构成荧光屏。图 4-1 是示波管的构造图。

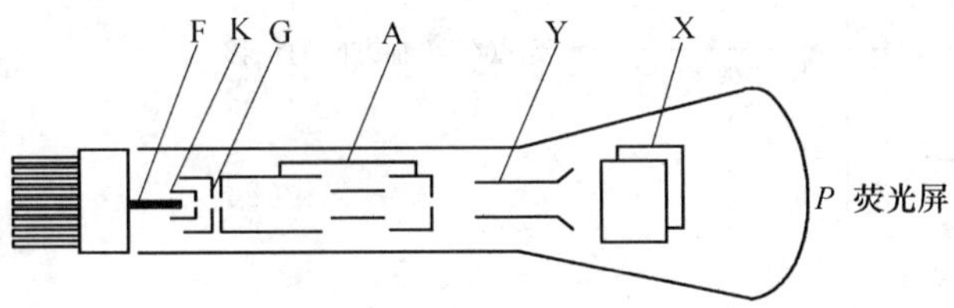

图 4-1　示波管构造图

电子枪由灯丝 F、阴极 K、栅极 G 以及一组阳极 A 所组成。灯丝通电后炽热，使阴极发热而发射电子。由于阳极电位高于阴极，所以电子被阳极电压加速。当高速电子撞击在荧光屏上会使荧光物质发光，在屏上就能看到一个亮点。改变阳极组电位分布，可以使不同发射方向的电子恰好会聚在荧光屏某一点上，这种调节称为聚焦。栅极 G 电位比阴极 K 低，改变 G 电位的高低，可以控制电子枪发射电子流的密度，甚至完全不使电子通过，这称为辉度调节，实际上就是调节荧光屏上亮点的亮暗。

Y 偏转板是水平放置的两块电极。当 Y 偏转板上电压为零时，电子束正好射

在荧光屏正中 P 点。如果 Y 偏转板加上电压，则电子束受到电场力作用，运动方向发生上下偏移。如果所加的电压不断发生变化，P 点的位置也随着在铅垂线上移动，从而在屏上看到一条铅垂的亮线。荧光屏上亮点在铅垂方向位移 Y 和加在 Y 偏转板的电压 U_Y 成正比。

X 偏转板是垂直放置的两块电极。在 X 偏转板加上一个变化的电压，那么，荧光屏上亮点在水平方向的位移 X 也与加在 X 偏转板的电压 U_X 成正比，于是在屏上看到的则是一条水平的亮线。

2. 示波器显示波形的原理

如果在 Y 偏转板上加上一个随时间做正弦变化的电压 $U_Y = U_{YM}\sin\omega t$，则在荧光屏上仅看到一条铅垂的亮线，而看不到正弦曲线。只有同时在 X 偏转板上加上一个与时间成正比的锯齿形电压 $U_X = U_{XM}t$，才能在荧光屏上显示出信号电压 U_Y 和时间 t 的关系曲线，其原理如图 4-2 所示。

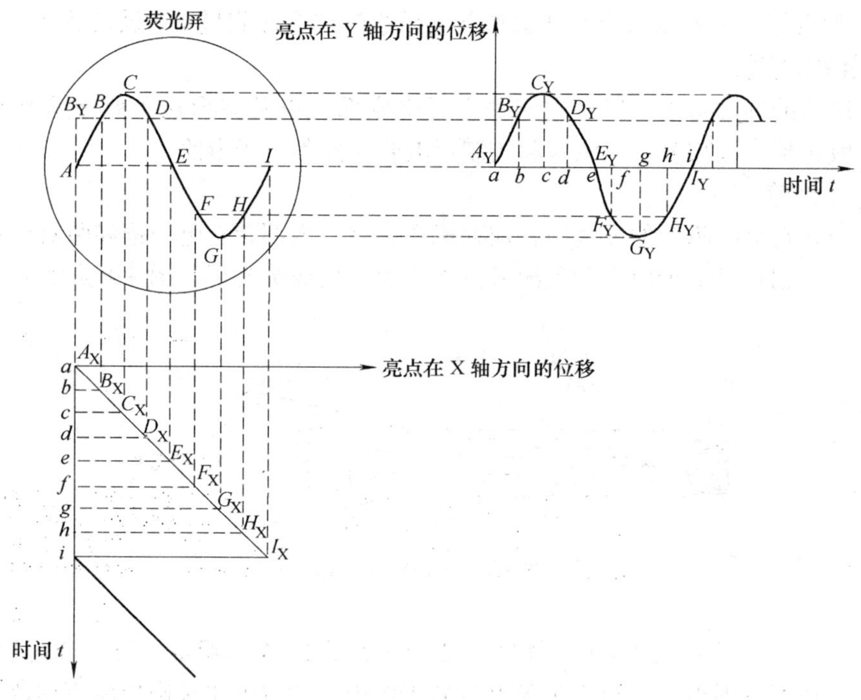

图 4-2 示波器显示正弦波形的原理图

设在开始时刻 a，电压 U_Y 和 U_X 均为零，荧光屏上亮点在 A 处，时间由 a 到 b，在只有电压 U_Y 作用时，亮点沿铅垂方向的位移为 AB_Y，屏上亮点在 B_Y 处，而在同时加入 U_X 后，电子束既受 U_Y 作用向上偏转，同时又受 U_X 作用向右偏转（亮点水平位移为 bB_X），因而亮点不在 B_Y 处，而在 B 处。随着时间的推移，以此类推，便可显示出正弦波形来。所以，在荧光屏上看到的正弦曲线实际上是两个相互垂直的运动（$U_Y = U_{YM}\sin\omega t$ 和 $U_X = U_{XM}t$）合成的轨迹。

由此可见，要想观测加在 Y 偏转板上电压 U_Y 的变化规律，必须在 X 偏转板上加上锯齿形电压，把 U_Y 产生的铅垂亮线“展开”。这个展开过程称为“扫描”，锯齿形电压又称为扫描电压。

上面讨论的波形因为 U_Y 和 U_X 的周期相同，荧光屏上显示出一个正弦波形，若频率 $F_Y = NF_X$（$N = 1, 2, 3, \cdots$），则荧光屏上将出现一个、两个、三个……稳定的正弦波形。只有当 F_Y 为 F_X 的整数倍时，正弦波形才能在荧光屏上稳定。为了在荧光屏上得到稳定不动的信号波形，一般采用被测信号来控制扫描电压的产生时刻，称为触发扫描。只有被测信号达到某一个定值时，扫描电路才开始工作，产生一个锯齿波，将被测信号显示出来。由于每次被测信号触发扫描电路工作的情况都是一样的，所以显示的波形也相同。这样，在荧光屏上看到的波形就稳定不动了。

【实验仪器】

DF4321A 双踪示波器、YB1602P 功率函数信号发生器。

【实验内容】

1. 熟悉示波器和信号发生器的操作方法。

（1）仔细阅读附录中示波器和信号发生器的操作程序，熟悉它们面板上各旋钮的作用。

（2）利用示波器观察信号发生器发出的各类波形，同时改变频率再观察。

2. 测量信号发生器发出的某个正弦波电压（峰-峰值 $U_{P-P} = 10$ V，频率 $f = 1000$ Hz）的峰-峰值 U_{P-P} 以及计算它的电压有效值 $U_{有效}$

交流电压的峰-峰值和它的有效值关系：

$$U_{有效} = \frac{U_{P-P}}{2\sqrt{2}}$$

3. 测量正弦波电压的频率。

（1）把待测正弦波电压（峰-峰值 $U_{P-P} = 10$ V，频率 $f = 1000$ Hz）输入示波器，测出该波形在屏上的 X 坐标刻度，利用示波器上的时基扫描速度，即可求得该波形的周期 T，利用公式 $f = 1/T$ 即可求得频率 f。

（2）利用李萨如图形测量未知交流电压的频率 f。

如果在示波器的 X 和 Y 偏转板上分别输入两个正弦波电压，而且它们频率的比值为简单整数比，这时荧光屏上就呈现出李萨如图形，它们是两个互相垂直的简谐振动合成的结果。若 f_X 和 f_Y 分别代表 X 轴和 Y 轴输入信号的频率，N_X 和 N_Y 分别为李萨如图形与假想水平线及假想垂直线的切点数目，它们与 f_X，f_Y 的关系是

$$\frac{f_Y}{f_X}=\frac{N_X}{N_Y}$$

如果f_X已知，从荧光屏上的李萨如图形中测出N_X和N_Y，由上式即可求出f_Y。取$f_X=50$ Hz，分别取$N_X:N_Y=1:2$，1:3，2:3。求出相应的f_Y，同时大致画出相应的李萨如图形。

【注意事项】

1. 示波器和信号发生器要注意接地。

2. 在示波器屏幕上显示的测量波形尽量大些，以便减少测量误差。

【思考题】

1. 一个正弦波电压从 Y 轴输入示波器，但荧光屏上仅显示出一条铅垂的亮线，试问这是什么原因？应调节哪些旋钮，才能使荧光屏上显示出正弦波形？

2. 如果荧光屏上显示的波形不稳定，试说明应该如何调节，并说明原因？

【附录】

附录一 DF4321A 示波器的使用方法介绍

1. 示波器使用前的准备

将示波器的各类旋钮预先设置如下：

电源（POWER）	关
辉度（INTEN）	逆时针旋到底
聚焦（FOCUS）	居中
输入耦合开关 AC-GND-DC	GND
↓↑位移（POSITION）	居中（旋钮按进）
垂直工作方式（V. MODE）	CH1
触发（TRIG. MODE）	自动
触发源（TRIG SOURCE）	内
内触发（INT TRIG）	CH1
扫描速度选择开关 TIME/DIV	0.5ms/div
⇆位移（POSITION）	居中（旋钮按进）

2. 观察波形

打开电源，顺时针旋转辉度旋钮，将出现扫描线。并调聚焦旋钮使扫描线最细。当观察一个波形时，把待观察的交流信号从 CH1 输入，把输入耦合开关打到 AC，在荧光屏上将显示出信号波形，适当调节选择开关（VOLTS/DIV）可以改变信号的幅度，调节时基开关（TIME/DIV）可以改变信号的宽度，也可以把待观察的交流信号从 CH2 输入，调节方法和调节 CH1 一样。

当要同时观察两个波形时，只要把另一个信号从 CH2 输入；当两个波形频率较高时，垂直工作方式（V. MODE）调到交替（ALT）；当频率较低时，调到断续（CHOP）。

3. 观察李萨如图形

把时基开关（TIME/DIV）调到 X-Y 状态。X 轴信号由 CH1 输入和 Y 轴信号由 CH2 输入，当两个信号的频率成整数倍时，荧光屏上就会显示出稳定的李萨如图形。

4. 测量直流电压

把输入开关（AC-GND-DC）调到 GND 位置，确定零电平的位置。再把输入开关（AC-GND-DC）调到 DC 位置，这时扫描线会随着输入待测直流电压值的大小上下移动（相对于零电平时的位置），直流电压值的大小是位移幅值与选择开关（VOLTS/DIV）的标称值的乘积。

5. 测量交流电压

与“测量直流电压”方法相似，只是把输入开关（AC-GND-DC）调到 AC 位置，不需要确定零电平的位置。测量得出的值是电压峰-峰值。

6. 测量信号频率和周期

周期等于一个完整波形在水平方向所占用的格数（DIV）与时基开关（TIME/DIV）的标称值的乘积。频率等于周期的倒数。

附录二　YB1602P 功率函数信号发生器的简单使用方法介绍

1. 信号发生器使用前的准备

将信号发生器的各个控制键设定如下：

电源	电源开关键弹出
衰减开关	衰减开关弹出
外测频率	外测频率开关弹出
电平	电平开关弹出
扫频	扫频开关弹出
占空比	占空比开关弹出

2. 操作使用说明

将电压输出信号由电压输出端口通过连接线接入示波器 Y 输入端口，同时将波形选择开关选择到你需要的波形，并通过频率选择开关调节到你需要的频率。通过幅度开关调整输出电压幅度大小。

仪器后板有一个交流电压输出插孔，输出 50 Hz 约 $2U_{P-P}$的正弦波。

实验五　薄透镜焦距的测定

透镜是最基本的光学元件，根据光学仪器的使用要求，常需选择不同的透镜或透镜组。透镜的焦距是反映透镜特性的基本参数之一，它决定了透镜成像的规律。为了正确地使用光学仪器，必须熟练掌握透镜成像的一般规律，学会光路的调节技术和测量焦距的方法。

【实验目的】

1. 了解薄透镜的成像规律。
2. 学习几种测量薄透镜焦距的方法。
3. 掌握基本的光路调节技术。

【实验原理】

薄透镜是指透镜中心厚度比透镜的焦距或曲率半径小很多的透镜。透镜分为凸透镜和凹透镜两类。在近轴光线条件下，透镜成像公式为

$$\frac{1}{s}+\frac{1}{s'}=\frac{1}{f} \tag{5-1}$$

式（5-1）中，s 为物距，实物为正，虚物为负；s' 为像距，实像为正，虚像为负；f 为焦距，凸透镜为正，凹透镜为负。

1. 凸透镜焦距的测定

（1）自准法

如图5-1所示，当发光物AB处于透镜的焦平面上，它发出的光线经透镜后为一束平行光，若在透镜后放一垂直于主光轴的平面镜，将此光线反射回去，反射光再经过凸透镜后仍会聚于焦平面上，并形成与原物等大的倒立实像A_1B_1。因此，实验时移动物屏的位置，当在物平面上能看到平面镜反射回来的等大倒立的实像时，透镜与物屏之间的距离即为焦距f。

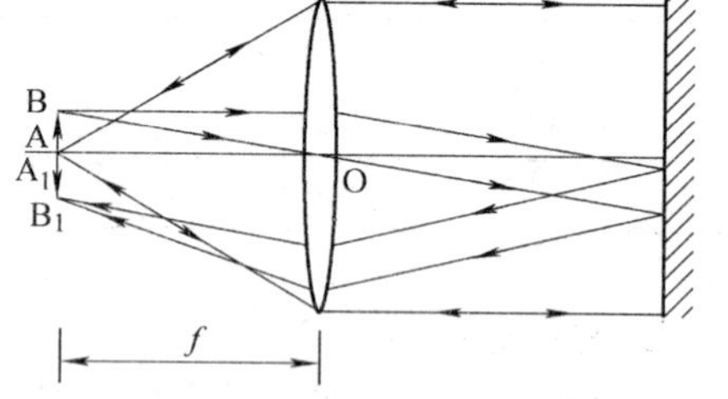

图5-1　凸透镜自准法光路

（2）共轭法

当物屏与像屏之间的距离 $D>4f$ 时，若保持 D 不变而移动透镜，则可在像屏上两次成像。如图5-2所示，当透镜移至O_1处时，屏上出现一个倒立放大的实像A_1B_1。设此时物距为s_1，像距为s_1'，则

$$\frac{1}{s_1}+\frac{1}{s'_1}=\frac{1}{f}\quad 即\quad \frac{1}{s_1}+\frac{1}{D-s_1}=\frac{1}{f} \tag{5-2}$$

当透镜移至O_2处时，屏上出现一个倒立缩小的实像A_2B_2，有

$$\frac{1}{s_2}+\frac{1}{D-s_2}=\frac{1}{f} \tag{5-3}$$

由图知

$$s_2=s_1+d \tag{5-4}$$

则式（5-3）改写为

$$\frac{1}{s_1+d}+\frac{1}{D-s_1-d}=\frac{1}{f} \tag{5-5}$$

结合式（5-2）和式（5-5），可推出

$$f=\frac{D^2-d^2}{4D} \tag{5-6}$$

因此，只要测出物屏与像屏之间的距离 D 及两次成像时透镜位置之间的距离 d，便可求出焦距 f。

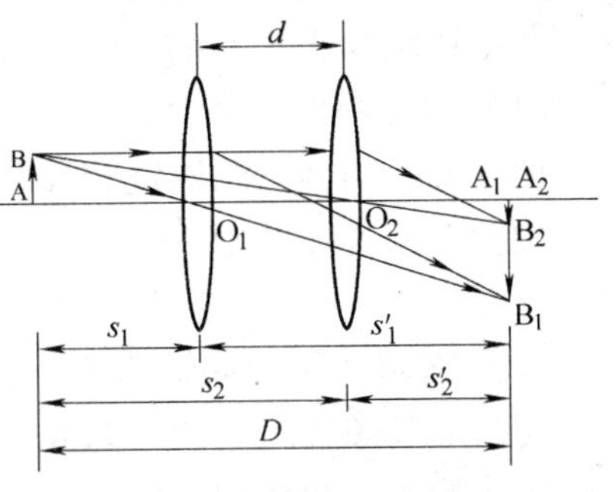

图 5-2　凸透镜共轭法光路

2. 凹透镜焦距的测定

（1）物距像距法

凹透镜只能产生虚像，因此需要借助凸透镜来测定凹透镜的焦距。如图 5-3 所示，物 AB 先经凸透镜 L_1 成实像 A_1B_1，像 A_1B_1 即为凹透镜 L_2 的虚物，只要凹透镜的位置合适，即可在屏上成实像 A_2B_2。测出虚物距 O_2A_1（为负）和像距 O_2A_2，代入式（5-1），即可得出凹透镜焦距。

（2）自准法

如图 5-4 所示，若经凸透镜 L_1 所成的像 A_1B_1 正好在凹透镜 L_2 的焦平面上，则经 L_2 射出的光将为平行光，若在凹透镜后放一垂直于主光轴的平面镜，则平行光经平面镜反射回去，依次通过 L_2 和 L_1，最后在物平面上形成与原物等大的倒立实像 A_2B_2，此时测出凹透镜 L_2 和虚物 A_1B_1 的位置，可得出凹透镜的焦距。

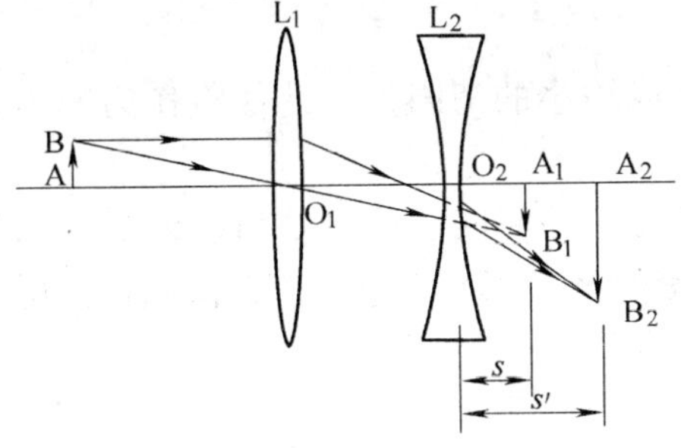

图 5-3　凹透镜物距像距法光路

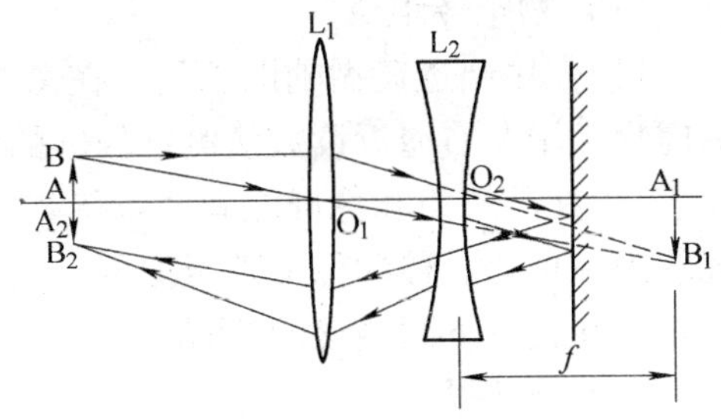

图 5-4　凹透镜自准法光路

【实验仪器】

光具座、凸透镜、凹透镜、光源（钠光灯）、物屏、像屏、平面镜。

【实验内容】

1. 光具座上各元件的共轴调整

由于应用薄透镜成像公式时需满足近轴条件，因此必须将各光学元件调节到共轴，并使该轴与光具座的导轨平行。共轴调整分粗调和细调两步进行。

（1）目测粗调

把光源、物屏、凸透镜和像屏依次装到光具座上，先将它们靠拢，调节高低、左右位置，使各元件中心大致等高在一条直线上，并使物屏、透镜、像屏的平面互相平行。

（2）细调（利用共轭法调整）

使物屏和像屏之间的距离大于$4f$，在物屏和像屏之间移动凸透镜，可得一大一小两次成像。若两个像的中心重合，表示已经共轴；若不重合，可先在小像中心做一记号，调节透镜高度使大像中心与小像的中心重合。如此反复调节透镜高度，使大像的中心趋向于小像中心（大像追小像），直至完全重合。

2. 测量凸透镜的焦距

（1）自准法

按照图5-1，采用左右逼近读数法，即从左往右移动物屏，直至在物屏上看到与物大小相同的清晰倒像，记录此时物屏的位置；再从右至左移动物屏，直至在物屏上看到与物大小相同的清晰倒像，记录此时物屏的位置。重复三次，并记录下透镜的位置。

（2）共轭法

按照图5-2，固定物屏和像屏的位置，使$D>4f$，采用左右逼近读数法分别测定凸透镜在像屏上成一大一小两次像的位置，重复三次，并记录下D的大小。

3. 测量凹透镜的焦距

（1）物距像距法

1）先用凸透镜做辅助工具，在像屏上形成缩小的清晰像，此像将作为凹透镜的虚物，用左右逼近读数法测定像屏的位置。

2）在凸透镜和像屏之间插入待测的凹透镜，并使凹透镜光轴与已调好的凸透镜的光轴重合。移动像屏直至像屏上出现清晰的像，用左右逼近读数法测定像屏的位置，并记录下凹透镜的位置。

（2）自准法

1）同上，先用凸透镜在像屏上成一缩小的清晰像，用左右逼近读数法测定像屏的位置。

2）在凸透镜和像屏之间插入凹透镜和平面镜，移动凹透镜，同时观察物屏至出现与物大小相同的清晰倒像，用左右逼近读数法测定凹透镜的位置。

【数据记录及处理】

将所测量数据记录在下列表格中，并正确计算出透镜的焦距。

<table>
<tr><td colspan="6">凸 透 镜</td><td colspan="8">凹 透 镜</td></tr>
<tr><td colspan="2">自准法</td><td colspan="4">共轭法</td><td colspan="4">物距像距法</td><td colspan="4">自准法</td></tr>
<tr><td colspan="2">透镜位置 = cm</td><td colspan="4">D = cm</td><td colspan="4">凹透镜位置 = cm</td><td colspan="2" rowspan="2">像屏位置/cm</td><td colspan="2" rowspan="2">凹透镜位置/cm</td></tr>
<tr><td colspan="2">物屏位置/cm</td><td colspan="2">O_1 位置/cm</td><td colspan="2">O_2 位置/cm</td><td colspan="2">虚物位置/cm</td><td colspan="2">二次成像位置/cm</td></tr>
<tr><td></td><td></td><td></td><td></td><td></td><td></td><td rowspan="3"></td><td rowspan="3"></td><td rowspan="3"></td><td rowspan="3"></td><td rowspan="3"></td><td rowspan="3"></td><td rowspan="3"></td><td rowspan="3"></td></tr>
<tr><td></td><td></td><td></td><td></td><td></td><td></td></tr>
<tr><td></td><td></td><td></td><td></td><td></td><td></td></tr>
</table>

【注意事项】

1. 不允许用手触摸透镜，光学元件要轻拿轻放。
2. 为减小误差，测量数据时应使用左右逼近读数法。

【思考题】

1. 如何用简便的方法区别凸透镜和凹透镜（不允许用手摸）？
2. 为什么要调节系统达到共轴的要求？怎样调节？

实验六 拉伸法测定金属丝的弹性模量

弹性模量（又称杨氏模量）是描述金属材料抗形变能力的重要物理量。它是选定机械构件金属材料的依据之一，是工程技术中常用的基本参数。

本实验主要采用光杠杆装置测量钢丝的弹性模量。光杠杆装置是一种用光放大原理测量被测物微小长度变化的装置。它的特点是直观、简单、精度高，可以实现非接触式的放大测量，还能用来显示微小角度的变化，光杠杆装置已经被广泛应用于高灵敏度的测量仪器（如灵敏电流计、冲击电流计、光点检流计等）和其他测量技术中。

【实验目的】

1. 掌握用光杠杆装置测量微小长度变化的原理和调节方法。
2. 学会用拉伸法测量金属丝的弹性模量。
3. 学会用逐差法和作图法处理数据。

【实验原理】

一根均匀的金属丝或棒（设长度为 L、截面积为 S），在受到沿长度方向的外力 F 作用下发生形变，伸长了 ΔL，比值 F/S 是金属丝单位截面积上的作用力，称为应力；比值 $\Delta L/L$ 是金属丝的相对伸长，称为应变。根据胡克定律，在弹性限度内，金属丝的应力 F/S 和应变 $\Delta L/L$ 成正比，可表示为

$$\frac{F}{S}=E\frac{\Delta L}{L} \tag{6-1}$$

或

$$E=\frac{F/S}{\Delta L/L} \tag{6-2}$$

式中，比例系数 E 称为该金属的弹性模量。它在数值上等于产生单位应变（$\Delta L/L$）的应力（F/S），它的单位为 $\mathrm{N\cdot m^{-2}}$。

设金属丝的直径为 d，则其截面积 $S=\pi d^2/4$，将此式代入式（6-2），整理后得

$$E=\frac{4FL}{\pi d^2\Delta L} \tag{6-3}$$

式（6-3）表明：在长度 L、直径 d 和所外加力 F 相同的情况下，弹性模量 E 和金属丝的伸长量 ΔL 成反比，即弹性模量大的金属丝的伸长量较小，而弹性模量小的金属丝的伸长量较大。所以，弹性模量表述了材料抵抗外力产生拉伸（或压缩）形变的能力（抗弹性形变能力）。

根据式（6-3）测量弹性模量时，F、d 和 L 都比较容易测量，但 ΔL 是一个微小的长度变化量，很难用普通测量长度的仪器测量准确。例如，一根上端固定，长

度为 1 m、直径为 0.5 mm 的钢丝（查有关手册，钢丝弹性模量 $E\approx2.00\times10^{11}$ $N\cdot m^{-2}$），当下端悬挂一质量为 0.5 kg 的重物时，它的伸长量 ΔL 仅为 0.12 mm。试想，对这样一个随着外力增加而增加的微小长度变化，又要相继进行非接触式测量，能否使用通常的测量仪器（米尺、游标卡尺等）进行测量呢？显然是不可能的（想一想，为什么?）。因此测量弹性模量的仪器装置，特别是光杠杆放大装置，主要是为了能既方便又准确地测量伸长量（微小长度变化）而设计的。

光杠杆构造如图 6-1 所示。整个实验装置如图 6-2 所示。其中图 6-2b 为附有标尺的望远镜，图 6-2a 为弹性模量仪。在图 6-2a 中，A、B 为弹性模量仪钢丝两端的螺栓夹。在 B 的下端挂有重物托盘，调节仪器底座上的螺栓可以使钢丝架铅垂，即钢丝与平台相垂直，并使可上下滑动的夹子 B 刚好悬挂在平台的圆孔中央。

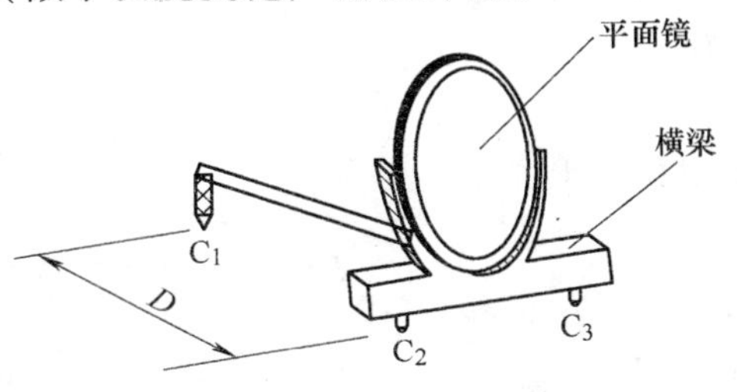

图 6-1　光杠杆构造图

光杠杆是测量微小长度变化的装置，是将一圆形小平面镜 M 固定在 T 型架上，在支架的下部安置三个足尖 C_1、C_2、C_3，这一组合就成为光杠杆。C_1 至 C_2、C_3 的垂线长度 D 称为光杠杆常数。测量时将两个前足尖 C_2、C_3 放在固定平台前沿槽内，后足尖 C_1 搁在 B 上（见图 6-2），用望远镜及标尺测量平面镜的角偏移能求出钢丝的伸长量。

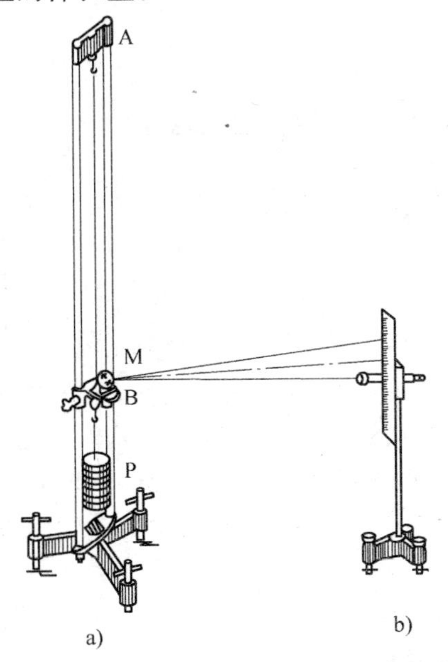

图 6-2　弹性模量实验装置图

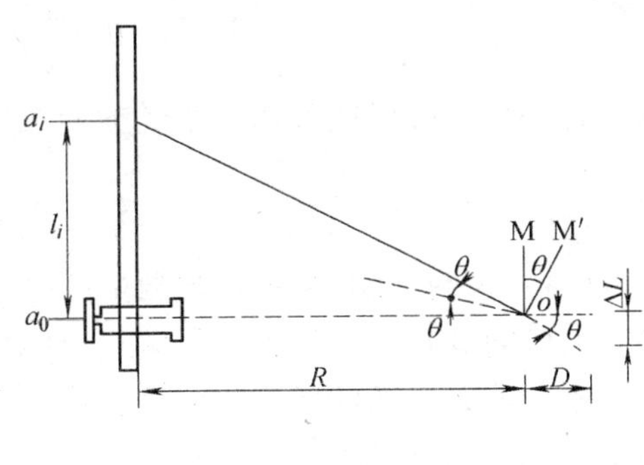

图 6-3　光杠杆原理图

光杠杆放大原理是这样的：将光杠杆和望远镜标尺装置按图 6-3 放置好，按仪器调节顺序调好全部装置后，就会在望远镜中看到经由 P 反射的标尺像。设标尺上与望远镜同一高度的刻线 a_0 的像和望远镜叉丝横线相重合（图 6-4），即光线 a_0 经平面反射后沿原路进入望远镜中。当挂上重物使钢丝伸长后，光杠杆后足随同 B 一起下降 ΔL，平面镜转过 θ 角到 M′位置。此时，由望远镜观察到标尺上某刻度 a_i 与叉丝横线相重合（图 6-5），即光线 a_io 经平面镜反射后进入望远镜中。根据反射定律：

$$\angle a_i o a_0 = 2\theta$$

由图 6-3 可知

$$\tan\theta = \frac{\Delta L}{D}$$

$$\tan 2\theta = \frac{a_i - a_0}{R} = \frac{l_i}{R}$$

式中，D 为光杠杆后足尖至两前足尖连线的垂直距离；R 为镜面至标尺的距离；l_i 为挂重物前后标尺读数的差值。

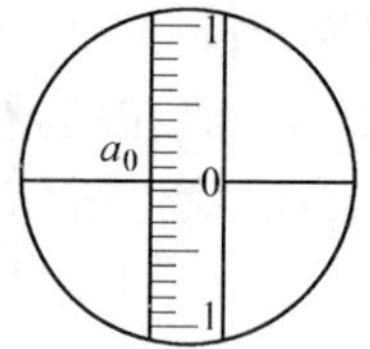

图 6-4 挂重物前的读数

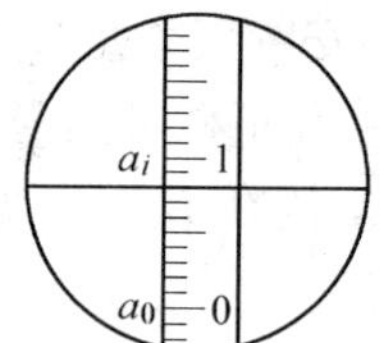

图 6-5 挂重物后的读数

由于偏转角度 θ 很小（因为 $\Delta L \ll D$，$l_i \ll R$），所以，近似地有

$$\theta = \frac{\Delta L}{D} \qquad 2\theta = \frac{l_i}{R}$$

两式合并后，可得挂重物后钢丝的伸长量为

$$\Delta L = \frac{D}{2R} l_i \tag{6-4}$$

式（6-4）表明，ΔL 原来是难测量的微小长度变化，但取 $R \gg D$ 后，经光杠杆转换放大后的量 l_i 却是较大的可测量，能用望远镜从标尺上直接读得。若以 $l_i/\Delta L$ 为放大率，那么，光杠杆的放大倍数即为 $2R/D$。在实验中，通常 D 为 4 ~ 8 mm，R 为 1 ~ 2 m，放大倍数可达 25 ~ 100 倍。由此可见，光杠杆装置确实为本实验提供了测量微小长度变化的可能和便利。

将式（6-4）和 $F = mg$ 代入式（6-3），得

$$E = \frac{8FLR}{\pi d^2 D l_i} = \frac{8mgLR}{\pi d^2 D l_i} \tag{6-5}$$

这就是本实验用来测定弹性模量的公式。

【实验仪器】

弹性模量仪、光杠杆、望远镜及标尺、螺旋测微计、钢卷尺、游标卡尺、重物等。

【实验内容】

1. 仪器的调节

（1）调节弹性模量仪的底脚螺栓，使钢丝架铅垂，同时注意使螺栓夹 B 位于平台 C 的圆孔中间，使之能上下自由移动。

（2）按图 6-2 放好光杠杆，使平面镜与钢丝平行，将望远镜置于光杠杆前 1.5 ~2 m 处。

（3）使标尺与钢丝平行，调置望远镜与平面镜 M 位于同一高度，并对着镜面。平面镜应大致与平台垂直。

（4）将望远镜瞄准镜面 M，从望远镜外侧沿镜筒轴线方向应看到平面镜中有标尺的像。如果未见到，应向左或向右移动望远镜。

（5）调节望远镜。

①调节目镜使观察到的叉丝最清晰。

②调节物镜直到能从望远镜中看到标尺刻线的清晰像。

③消除视差。观察者眼睛上下晃动时，从望远镜中观察到标尺刻线像与叉丝间相对位置无偏移，称为无视差。如果有视差，则要再仔细调节物镜与目镜的相对距离，直到消除视差为止。

2. 弹性模量的测量

（1）将重物托盘挂在螺栓夹 B 的下端，拉直钢丝（此重物不计入所加作用力 F 之内），并按上述顺序调节好仪器，记下望远镜中与叉丝重合的标尺初读数 a_0。

（2）逐次增加 1 kg 重物（砝码），在望远镜中观察标尺的像，依次记下相应的与叉丝横线重合的刻度读数 a_1，a_2，…，a_7，重物加到 7 kg 后，再每减去 1 kg 读一次数，将实验数据记录在表 6-1 中，并用逐差法计算$\bar{l}$。

表 6-1

次数	负重/kg	增重时标尺读数 a_i/mm	减重时标尺读数 a_i/mm	同负荷下标尺读数的平均值 a_i/mm	每增量 4 kg 时标尺的差值 l_i/mm
1	0			$\overline{a_0}$ =	$l_1=\overline{a_4}-\overline{a_0}$ =
2	1			$\overline{a_1}$ =	
3	2			$\overline{a_2}$ =	$l_2=\overline{a_5}-\overline{a_1}$ =
4	3			$\overline{a_3}$ =	

（续）

次数	负重 /kg	增重时标尺读数 a_i/mm	减重时标尺读数 a_i/mm	同负荷下标尺读数的平均值 a_i/mm	每增量 4 kg 时标尺的差值 l_i/mm
5	4			$\overline{a_4}$ =	$l_3 = \overline{a_6} - \overline{a_2}$ =
6	5			$\overline{a_5}$ =	
7	6			$\overline{a_6}$ =	$l_4 = \overline{a_7} - \overline{a_3}$ =
8	7			$\overline{a_7}$ =	
					平均值 $\bar{l}$ =

（3）用钢卷尺测量镜面至标尺的距离 R 和钢丝原长 L。

（4）将光杠杆取下，并在纸上压出三个足尖痕，用游标卡尺测出后足尖至两前足尖连线的垂直距离 D。

（5）用螺旋测微计测量钢丝直径 d，选不同的位置测 5 次，取平均值（为防止折弯实验用的钢丝，可测量同样的备用钢丝）。

（6）将所得各量代入式（6-5）中，计算出金属丝的弹性模量，并计算不确定度，写出结果表达式。

（7）用作图法处理数据。把式（6-5）改写为

$$l_i = \frac{8LR}{\pi d^2 DE} F_i = kF_i \tag{6-6}$$

式（6-6）中

$$k = \frac{8LR}{\pi d^2 DE} \tag{6-7}$$

即

$$E = \frac{8LR}{\pi d^2 Dk} \tag{6-8}$$

$F_i \times 9.80$/N	0.00	1.00	2.00	3.00	4.00	5.00	6.00	7.00
$l_i = \lvert a_i - a_0 \rvert \times 10^{-3}$/m								

以 F_i 为横坐标轴，l_i 为纵坐标轴，作 l_i-F_i 图线。由图线的斜率得到 k 的数值，根据式（6-8）计算钢丝的弹性模量值。

【注意事项】

1. 调好实验装置记下初读数后，千万不能再碰动实验装置（望远镜、光杠杆、标尺等）。

2. 加减重物时一定要轻拿轻放，并待稳定后再读数。

3. 光杠杆是易碎的精密器件，不能用手触摸镜面，使用中要特别小心，以免打碎镜面。

【思考题】

1. 怎样提高光杠杆测量微小长度变化的灵敏度？

2. 两根材料相同，但粗细、长度均不同的金属丝，它们的弹性模量是否相同？

3. 每增加 1 kg 砝码的质量，金属丝的实际伸长量为多少？

实验七　扭摆法测定物体的转动惯量

转动惯量是刚体转动时惯性大小的量度，是表明刚体特性的一个物理量。刚体转动惯量除了与物体质量有关外，还与转轴的位置和质量分布（即形状、大小和密度分布）有关。如果刚体几何形状规则，且质量分布均匀，则可以直接计算出它绕定轴的转动惯量。对于形状复杂且质量分布不均匀的刚体，计算会极其复杂，通常采用实验方法来测定，如机械部件、电动机转子和枪炮的弹丸等。转动惯量的测量，一般都是使刚体以一定形式运动，通过表征这种运动特征的物理量和转动惯量的关系，进行转换测量。本实验使物体作扭摆摆动，由摆动周期来计算物体的转动惯量。

【实验目的】

1. 用扭摆测定几种不同形状物体的转动惯量和弹簧的扭转系数，并与理论值进行比较。

2. 验证转动惯量平行轴定理。

【实验原理】

扭摆的构造如图7-1所示，在垂直轴1上装有一根薄片状的螺旋弹簧2，用以产生恢复力矩。在垂直轴的上方可以安装各种待测物体，垂直轴与支座间装有轴承，以降低摩擦力矩。3为水平仪，用来调整系统平衡。

将物体在水平面内转过一角度 θ 后，在弹簧恢复力矩的作用下，物体就开始绕垂直轴作往返扭转运动。根据胡克定律，弹簧因扭转产生的恢复力矩 M 与转过的角度 θ 成正比，即

$$M = -K\theta \tag{7-1}$$

式中，K 为弹簧的扭转系数。根据刚体转动定律

$$M = I\beta \tag{7-2}$$

式中，I 为物体绕转轴的转动惯量；β 为角加速度。令 $\omega^2 = K/I$，忽略轴承的摩擦阻力矩，则由式（7-1）、式（7-2）得

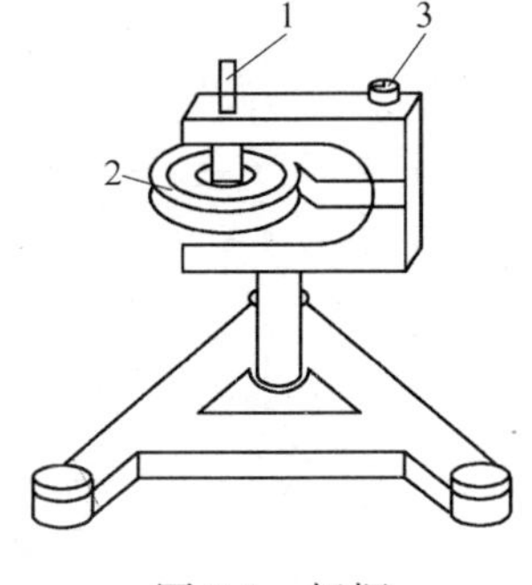

图7-1　扭摆

$$\beta = \frac{d^2\theta}{dt^2} = -\frac{K}{I}\theta = -\omega^2\theta \tag{7-3}$$

方程（7-3）表明扭摆运动具有角简谐振动的特性，角加速度与角位移成正比，且方向相反。此方程解为

$$\theta = A\cos(\omega t + \varphi) \tag{7-4}$$

式中，A 为谐振动的角振幅；φ 为初相位角；ω 为角频率。该谐振动的周期为

$$T = \frac{2\pi}{\omega} = 2\pi\sqrt{\frac{I}{K}} \tag{7-5}$$

由式（7-5）可知，只要测得物体扭摆的摆动周期 T，并在 I 和 K 中任何一个量为已知时，即可计算出另一个量。

本实验先测定一个几何形状规则且质量分布均匀的物体的摆动周期，它的转动惯量可以根据它的质量和几何尺寸用理论公式直接计算得到，因此可根据式（7-5）算出本台仪器弹簧的 K 值。接着测定其他物体的转动惯量，即将待测物体安放在本仪器顶部的各种夹具上，通过测定其摆动周期，由式（7-5）算出物体绕转动轴的转动惯量。

理论分析表明，若质量为 m 的物体绕通过质心轴的转动惯量为 I_0，当转轴平移距离 x 时，则此物体对新轴线的转动惯量变为 $I_0 + mx^2$，这称为转动惯量的平行轴定理。本实验将对此定理加以验证。

【实验仪器】

1. 扭摆及几种待测转动惯量的物体

空心金属圆筒、实心塑料圆柱体、木球、验证转动惯量平行轴定理用的细金属杆（杆上有两块可自由移动的金属滑块）。

2. TH—2 型转动惯量测量仪

它主要由主机和光电传感器两部分组成。

主机采用新型的单片机作控制系统，用于测量物体转动和摆动的周期，以及旋转体的转速等，能自动记录、存储多组实验数据并能够准确地计算多组实验数据的平均值。

光电传感器主要由红外接收管组成，它可以将光信号转换为脉冲电信号，送入主机工作。因人眼无法直接观察仪器工作是否正常，可用遮光物体往返遮挡光电探头发射光束通路，检查计时器是否开始计数。为防止过强光线对光电探头的影响，光电探头不能置放在强光下，实验时采用窗帘遮光，确保计时准确。

3. 仪器使用方法

TH—2 型转动惯量测量仪面板如图 7-2 所示。

（1）调节光电传感器在固定支架上的高度，使被测物体上的挡光杆能自由地通过光电门，再将光电传感器的信号传输线插入主机输入端（位于测试仪背面）。

（2）开启主机电源，“摆动”指示灯亮，参量指示为“P1”、数据显示为“- - - -”。

（3）本机设定扭摆的周期数为 10，如要更改，可按“置数”键，显示“n = 10”，按“上调”键周期数依次加 1，按“下调”键周期数依次减 1，周期数可在 1 ~20 范围内任意设定，再按“置数”键确认。更改后的周期数不具有记忆功能，一旦切断电源或按“复位”键，便恢复原来的默认周期数。

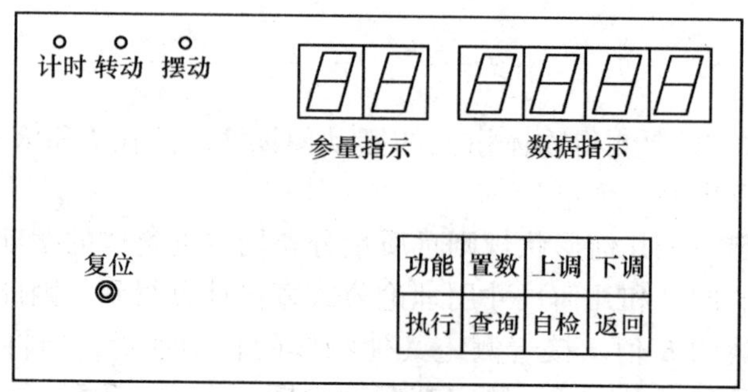

图 7-2 TH—2 型转动惯量测量仪面板示意图

(4) 按“执行”键数据显示为“000.0”，表示仪器已处在等待状态，此时，当被测的往复摆动物体上的挡光杆第一次通过光电门时，仪器即开始连续计时，直到仪器所设定的周期数时便自动停止计时，由“数据显示”给出累计的时间，同时仪器自动计算周期 C_i 予以储存，以供查询和作多次测量求平均值。至此，P1(第一次测量）测量完毕。

(5) 按“执行”键，“P1”变为“P2”，数据显示又回到“000.0”，仪器处在第二次测量状态。本机设定重复测量的最多次数为 5 次，即（P1，P2，…，P5）。通过“查询”键可知各次测量的周期值 C_i($i=1, 2, \cdots, 5$) 以及它们的平均值 C_A。

【实验内容】

1. 测出塑料圆柱体的直径、金属圆筒的内外直径、金属细杆长度及各物体的质量。计算各物体转动惯量的理论值。

2. 调整扭摆基座底角螺钉，使水准仪中的气泡居中。

3. 测定扭摆的扭转系数 K。

(1) 装上金属载物盘，调整光电探头的位置，使载物盘上的挡光杆处于其缺口中央且能遮住发射、接收红外光线的小孔，测定其摆动周期 T_0；

(2) 将塑料圆柱体垂直放在载物盘上，测定摆动周期 T_1；

(3) 由 T_0，T_1 及塑料圆柱体转动惯量的理论值 I_1' 计算弹簧的扭转系数 K：

$$K = 4\pi^2 \frac{I_1'}{T_1^2 - T_0^2}$$

4. 分别测定金属圆筒、木球及金属细杆的转动惯量。

(1) 用金属圆筒代替塑料圆柱体，测定其摆动周期 T_2；

(2) 取下金属载物盘，装上木球，测定其摆动周期 T_3（在计算木球的转动惯量时，应扣除支架的转动惯量)；

(3) 取下木球，按图 7-3 装上金属细杆（金属细杆中心必须与转轴重合)，测

定其摆动周期 T_4（在计算转动惯量时，应扣除夹具的转动惯量）；

（4）根据上述测定的摆动周期，分别计算出各待测物的转动惯量的实验值，并与理论值进行比较，计算两者的百分误差。

5. 验证转动惯量平行轴定理：将滑块对称地放置在细杆两边的凹槽内，此时滑块质心离转轴的距离分别为5.00，10.00，15.00，20.00，25.00(cm)，分别测定细杆的摆动周期，计算滑块在不同位置时的转动惯量（计算时应扣除支架的转动惯量），并与理论值比较，计算百分误差。

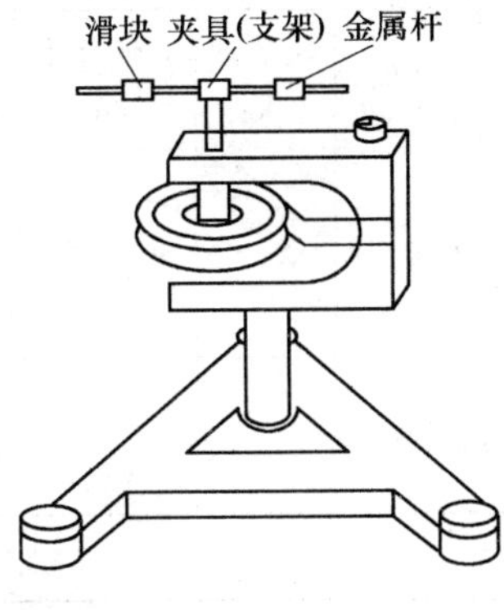

图 7-3　金属细杆的固定

【注意事项】

1. 由于弹簧的扭转系数 K 值不是固定常数，它与摆动角度略有关系，实验中摆角在90°左右为宜。

2. 光电探头宜放置在挡光杆的平衡位置处，挡光杆不能和它相接触，以免增大摩擦力矩。

3. 为提高测量精度，应先让扭摆自由摆动，然后按“执行”键进行计时。

4. 在安装待测物体时，其支架必须全部套入扭摆主轴，并将制动螺钉旋紧，否则扭摆不能正常工作。

【思考题】

1. 什么是转动惯量平行轴定理？

2. 实验中待测物体的摆动角度为什么要控制在90°以内？

【附录】

（1）数据参考表格

附表 7-1-1　转动惯量的测定

物体名称	质量 m /kg	几何尺寸 /m	周期/s		转动惯量理论值 /kg·m²	转动惯量实验值 /kg·m²	百分误差
			T_i	$\overline{T_i}$			
金属载物盘	—	—			—	$I_0=\frac{I_1' T_0^2}{T_1^2-T_0^2}$	—
塑料圆柱					$I_1'=\frac{1}{8}mD_{柱}^2$	—	—
金属圆筒					$I_2'=\frac{1}{8}m(D_{外}^2+D_{内}^2)$	$I_2=\frac{KT_2^2}{4\pi^2}-I_0$	E_2

（续）

物体名称	质量 m /kg	几何尺寸 /m	周期/s		转动惯量理论值 /kg·m²	转动惯量实验值 /kg·m²	百分误差
			T_i	$\overline{T}_i$			
木球					$I_3'=\frac{1}{10}mD_{球}^2$	$I_3=\frac{KT_3^2}{4\pi^2}-I_{支座}$	E_3
金属细杆					$I_4'=\frac{1}{12}mL^2$	$I_4=\frac{KT_4^2}{4\pi^2}-I_{夹具}$	E_4

附表 7-1-2 验证转动惯量平行轴定理

$X/\times10^{-2}$m	5.00	10.00	15.00	20.00	25.00
摆动周期 T/s					
$\overline{T}$/s					
实验值/kg·m² $I=\frac{K}{4\pi^2}T^2-I_{夹具}$					
理论值/kg·m² $I'=I_4+2mx^2+I_5$					
百分误差					

（2）球支座转动惯量实验值 $I_{支座}=0.179\times10^{-4}$ kg·m²

球支座质量 $m_{球支}=0.036$ kg

细杆夹具转动惯量实验值 $I_{夹具}=0.232\times10^{-4}$ kg·m²

细杆长 $L=610.0$ mm

滑块质量 $m=240$ g

滑块绕通过滑块质心转轴的转动惯量实验值 $I_5=0.41\times10^{-4}$ kg·m²

实验八　声速的测定

声波是在弹性媒质中传播的一种机械波。声波能在固体、液体、气体中传播。频率在 20 Hz ~ 20 kHz 的声波可以被人们听到，称为可闻声波；频率低于 20 Hz 的声波称为次声波；频率高于 20 kHz 的声波称为超声波。

声速的测量在声波定位、探伤、显示、测距等应用中具有十分重要的意义。

对于声波在空气、液体中的传播速度这一非电量的测量，本实验利用压电晶体换能器用非电量电测技术来进行测量。

【实验目的】

1. 用驻波共振法、相位比较法测量声波在空气、水中的传播速度。
2. 了解压电陶瓷换能器的构造和功能。

【实验原理】

声波的声速 u、频率 f 和波长 λ 之间的关系为 $u = f\lambda$。若能测得声波的频率 f 和波长 λ，即可求得声速 u。常用的测量方法有驻波共振法和相位比较法。所用的超声波可利用压电换能器来获得。

1. 超声波的获得——压电陶瓷换能器

压电陶瓷换能器由压电陶瓷环片和轻重两种金属组成，如图 8-1 所示。压电陶瓷片由一种多晶结构的压电材料（如钛酸钡）制成。在压电陶瓷片的两个底面上加上正弦交变电压，它的厚度就会按正弦规律发生纵向伸缩，从而发出超声波；同样，压电陶瓷片也可以使声压变化转化为电压的变化，用来接收声压信号。本实验中就是采用压电陶瓷换能器来实现声压和电压之间转换的。

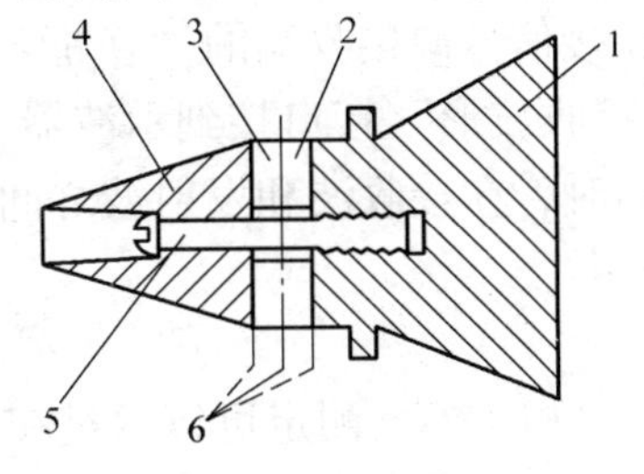

图 8-1　压电陶瓷换能器结构图
1—铝头　2、3—压电陶瓷圆环
4—黄铜尾部　5—螺钉
6—铝铜片引出头

压电陶瓷换能器产生的波具有平面性、单色性好和方向性强等特点，同时可以控制频率在超声范围内，使一般的音频对它没有干扰。

2. 驻波共振法

实验装置如图 8-2 所示。图中 S_1 和 S_2 是一对压电陶瓷换能器。S_1 为超声波源，它发射超声波由信号源内的低频信号发生器提供，其频率可由信号源内的数字频率仪测得。S_2 为接收器，它能把接收到的超声波转换成电信号送到示波器中显示，同时它还能反射一部分超声波，这样由 S_1 发出的超声波和 S_2 反射的超声波在两个换能器端面之间干涉而形成驻波。该驻波的强度和稳定性都会随着两端面间的距离和信号频率等不同而有很大的差异。

S_1 和 S_2 及其两个端面之间的驻波场可看作一个振动系统，要使该系统处于稳定的共振状态，必须满足两个条件，首先是波源的频率（即信号发生器的发射频率）等于驻波系统的固有频率，其次为 S_1 和 S_2 两个端面之间的距离 L 等于半波长的整数倍，即

$$L=n\frac{\lambda}{2}\qquad (n=1,\ 2,\ \cdots)\tag{8-1}$$

此时，系统处于稳定的共振态，它的共振强度将最大，从示波器上观察到的信号幅度也最大。当 L 不满足式（8-1）时，驻波系统偏离共振态，示波器上的信号幅度随之减小。所以，当移动 S_1 使 L 连续改变时，示波器上信号幅度每一次周期性的变化，相当于 S_1 与 S_2 之间的距离改变了 $\lambda/2$。记下一系列共振态时 S_1 的位置，即可以测得波长 λ。频率 f 可由信号源的数字频率仪读出，根据 $u=f\lambda$ 就可以测得声速。

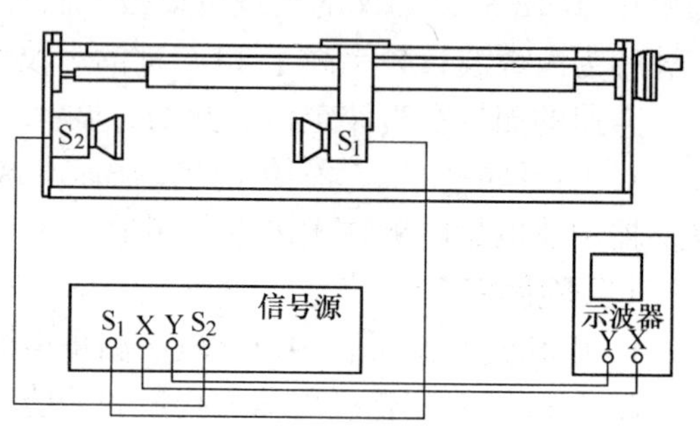

图 8-2　实验装置图

3. 相位比较法

实验装置如图 8-2 所示。图中 S_1 接信号源发射端的“换能器接口”，信号由内部低频信号发生器经过衰减得到，同时通过“发射波形”接到示波器的 X 输入端；S_2 接信号源接收端的“换能器接口”，接收到的信号经过接收端的内部衰减，由“接收波形”接口接到示波器 Y 输入端，当 S_1 发出的超声波通过媒质到达接收器 S_2 时，在接收波和发射波之间产生了相位差，即

$$\varphi_1-\varphi_2=2\pi\frac{L}{\lambda}\tag{8-2}$$

相位差的测定可以通过在示波器上显示的两个相互垂直谐振动的合成图形来进行。这合成图形称为“李萨如图”。

设输入 X 轴的发射波的振动方程为

$$x=A_1\cos(\omega t+\varphi_1)$$

输入 Y 轴的由 S_2 接收的波的振动方程为

$$y=A_2\cos(\omega t+\varphi_2)$$

则合成的振动方程为

$$\left(\frac{x}{A_1}\right)^2+\left(\frac{y}{A_2}\right)^2-\frac{2xy}{A_1A_2}\cos(\varphi_2-\varphi_1)=\sin^2(\varphi_2-\varphi_1)$$

一般情形下，此方程轨迹为椭圆，也即两个谐振动频率相等时的“李萨如图”。

当 $\varphi_2-\varphi_1=0$ 时，$y=\frac{A_2}{A_1}x$，轨迹是斜率为正的直线，如图 8-3a 所示；当 $\varphi_2-\varphi_1=\frac{\pi}{2}$ 时，$\frac{x^2}{A_1^2}+\frac{y^2}{A_2^2}=1$，轨迹是一个正椭圆，如图 8-3b 所示；当 $\varphi_2-\varphi_1=\pi$ 时，$y=-\frac{A_2}{A_1}x$，轨迹是斜率为负的直线，如图 8-3c 所示。

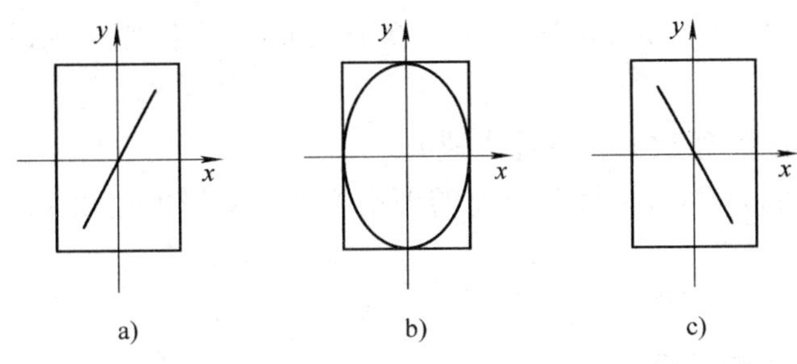

图 8-3　李萨如图

改变 S_1 和 S_2 之间的距离 L，相当于改变了接收波与发射波之间的相位差 $\varphi_2-\varphi_1$，“李萨如图”随之不断变化。显然，每改变半个波长 $L_2-L_1=\lambda/2$，由式（8-2）可知，相位差发生 π 的变化。随着相位差从 $0\sim\pi$ 的变化，相应的“李萨如图”从斜率为正的直线变为椭圆，再变到斜率为负的直线。因此，S_1 每移动半个波长，示波器屏幕上就会重复出现斜率相反的直线。由此直线的反复出现就可测到波长 λ，再测得频率 f 就可以得到声速 u 了。

【实验仪器】

SVX—5 综合声速测试仪信号源、SV—DH—5A 型声速测定仪（液槽式，包括两个压电换能器和数显游标卡尺）、示波器、同轴信号电缆等。

【实验内容】

1. 信号源及声速测定仪实验前准备。

（1）声速测试仪在使用之前，要通电开机预热 20 min 左右。在通电后，自动工作在连续波方式。

（2）按照图 8-2 接好线路。为避免换能器 S_1 与 S_2 两个端面接触，S_1 与 S_2 之间的距离应大于 50 mm。

2. 示波器的实验前准备。

开启示波器电源，并进行适当的调节，将示波器 X 端置于“内置”（关于示波器的使用，请参阅附录）。

3. 调节共振频率。

适当调节信号源面板上的“发射强度”、“接收增益”和示波器上的“Y 增益”，在示波器上得到合适的波形。然后仔细调节信号源面板上的“信号频率”使示波器上的波形振幅达到最大，此时的频率即是振动系统的共振频率f，记录该频率。下面的测量就在共振频率下进行。

4. 驻波共振法测量声速。

（1）在前面调节共振频率时所确定的S_1与S_2间距基础上，让数显游标卡尺的读数归零，再缓慢把S_1远离S_2，当示波器上出现了振幅最大时，记下数显游标卡尺所示S_1的位置L_1。继续缓慢远移S_1，逐个记下11个振幅达到最大时的位置L_2，L_3，…，L_{12}。

（2）用逐差法处理数据，计算声速$\overline{u}$。

（3）记下室温t（℃），计算声速的理论值并与测量值比较。

$$u_{理} = u_0\sqrt{\frac{T}{T_0}} = 331.45\sqrt{\frac{273.15 + t}{273.15}}\ \text{m/s}$$

5. 相位比较法测量声速。

（1）将示波器的“X扫描”拨到“外接”，适当调节信号源面板上的“发射强度”、“接收增益”和示波器上的“Y增益”，使示波器上出现大小合适的“李萨如图”。

（2）将S_1移近S_2后（S_1与S_2最小距离在50 mm左右），让数显游标卡尺的读数归零，再缓慢远移S_1，当示波器上波形变成一条直线时，记下数显游标卡尺的所示S_1的位置L_1。继续缓慢远移S_1，逐个记下11个波形变成一条直线时的位置L_2，L_3，…，L_{12}。

（3）用逐差法处理数据，计算声速$\overline{u}$，并计算声速的不确定度，写出结果表达式。

（4）记下室温t（℃），计算声速的理论值。

6. 用同样方法（驻波共振法、相位比较法）测量在水中的声速。

7. 数据记录表格（两种测量方法表格形式相同，供参考）及声速u的计算如下：

次数 i	位置（空气）L/mm	位置（水）L/mm	相差6个$\frac{\lambda}{2}$值 $S=(L_{i+6}-L_i)$/mm	
1				
2				
3				
4				
5				

（续）

<table>
<tr><th>次数
i</th><th>位置（空气）
L/mm</th><th>位置（水）
L/mm</th><th colspan="2">相差 6 个$\frac{\lambda}{2}$值
$S=(L_{i+6}-L_i)$/mm</th></tr>
<tr><td>6</td><td></td><td></td><td></td><td></td></tr>
<tr><td>7</td><td></td><td></td><td rowspan="6">$\overline{S}_{空气}$ =</td><td rowspan="6">$\overline{S}_{水}$ =</td></tr>
<tr><td>8</td><td></td><td></td></tr>
<tr><td>9</td><td></td><td></td></tr>
<tr><td>10</td><td></td><td></td></tr>
<tr><td>11</td><td></td><td></td></tr>
<tr><td>12</td><td></td><td></td></tr>
</table>

8. 用逐差法处理数据，利用式（8-3）分别计算空气中和水中的声速。写出空气情况下测量结果表示式。

$$\overline{u}=f\overline{\lambda}=f\cdot\frac{2}{6}\overline{S} \tag{8-3}$$

$$u_S=\sqrt{\Delta_A^2+\Delta_B^2} \tag{8-4}$$

$$u_{ru}=\frac{u_u}{\overline{u}}=\sqrt{\left(\frac{u_S}{\overline{S}}\right)^2+\left(\frac{u_f}{f}\right)^2} \tag{8-5}$$

其中，$u_f=\Delta_{Bf}=0.001$ kHz，$\Delta_B=0.01$ mm。

【注意事项】

1. 切勿使换能器 S_1 与 S_2 两个端面接触而发生短路。

2. 实验过程中，信号源输出的信号频率应保持在共振频率上不变。

3. 实验过程中应适当调节示波器“Y 增益”，保证在波形不失真情况下测量。

【思考题】

1. 为什么需要在驻波系统共振状态下进行声速的测量？

2. 本实验是如何获得超声波的？

【附录】

示波器介绍

1. 工作原理

电子射线示波器（简称示波器）是常用的电子仪器之一，应用它可以直接观察到电压随时间变化的波形，并能测量电压和频率大小等参数。因此，一切可转化为电压的电学量（如电流、电功率等）和非电学量（温度、压力、光强、磁场、频率等）都可以用示波器来观测，所以它是用途广泛的现代测量工具。最简单的示波器主要由五个部分组成，如附图 8-1-1 所示：①示波管；②水平放大器和垂直放大器；③扫描发生器；④同步电路；⑤电源供给。

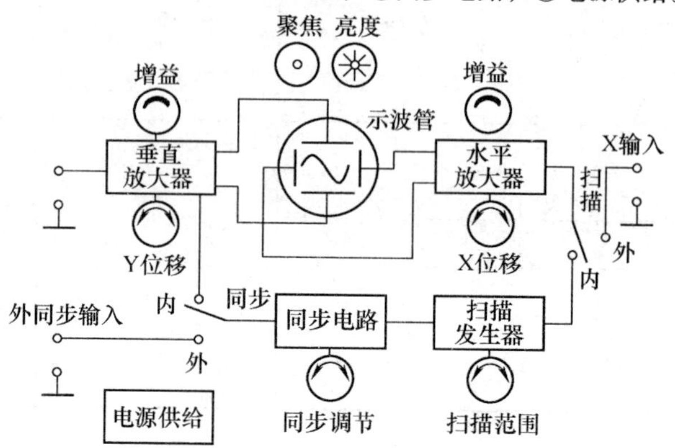

附图 8-1-1　示波器结构图

（1）示波管

示波管是用来显示被观察信号的，示波管阴极发射的电子，在阳极电压作用下加速和聚焦，形成电子束，撞击荧光屏，产生一个亮点。该亮点在荧光屏上的位置，由两对互相垂直的偏转板上的电压来决定。

（2）水平轴和垂直轴放大器

由于示波管本身的水平轴（即 X 轴）和垂直轴（即 Y 轴）偏转板灵敏度是确定的（约 0.1 ~1mm/V），为了观察电压幅度不同的电信号，示波器内设有衰减器和放大器。可对观察的小信号放大，对大信号衰减，以便能在荧光屏上显示出适中的波形。

（3）扫描发生器

如果想观察一随时间变化的电压 $u_y = f(t)$，把它加在垂直偏转板上，那么在荧光屏上我们观察到的是一条竖直亮线。显然它并不能反映电压 u_y 的变化规律。为了达到观察 u_y 的变化规律，还需要在水平偏转板上加上一“扫描电压” u_x——锯齿波电压。它的特点是电压随时间正比例增大。这样电子束在水平方向同时获得与时间成正比的偏移，由于电压 u_y 和齿波电压的共同作用，荧光屏上的光点偏移结果如附图 8-1-2 所示。

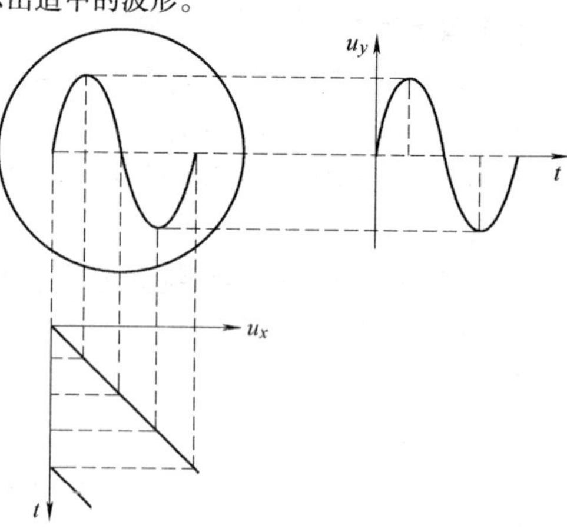

附图 8-1-2　光点偏移结果示意图

（4）同步（整步选择）

为了使屏上的波形稳定，必须使扫描电压周期 T_x 与信号电压周期 T_y 成整数倍。一般是将被测信号的一部分加到扫描发生器上，迫使锯齿波周期 T_x 为信号周期 T_y 的整数倍，使屏上出现稳定的波形，这个过程称为“同步”（即内同步）；如果从外面输入一个同步信号称为“外同步”。

示波器种类很多，不同型号的示波器功能稍有不同，但基本原理是相同的。本实验所用为ST—16型单踪示波器，其面板如附图8-1-3所示。

2. 面板功能及各旋钮说明

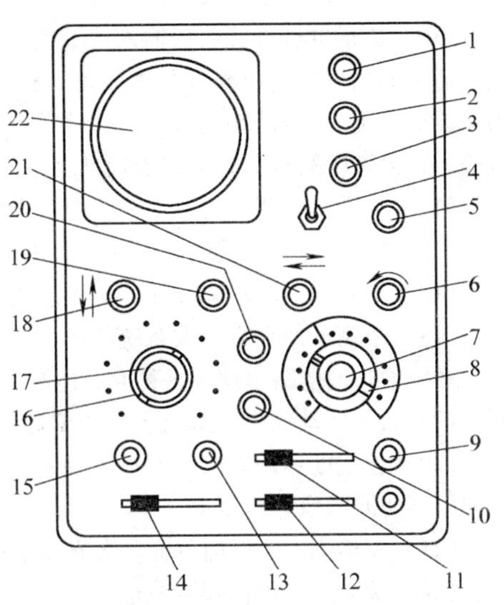

附图8-1-3 ST—16示波器面板图

（1）辉度调节：顺时针方向转动辉度加亮，反之减弱。

（2）聚集调节：用以调节显现的光点成为清晰的圆点。

（3）辅助聚焦：用以与聚焦调节同时配合使用。

（4）电源开关：当此开关扳向“开”时，指示灯即发红光。

（5）指示灯。

（6）电平：用以调节触发信号波形上触发点的相应电平值，使在这一电平上启动扫描。当“电平”顺时针旋至满刻度时，则扫描电路在没有触发信号输入的情况下，也能自动进行扫描。

（7）时基微调：用于连续调节时基扫描速度。当该旋钮顺时针方向至满度，亦即处于“校准”状态，此时扫描位于快端。微调扫描的调节范围能大于2.5倍。

（8）时基选择开关：扫描速度的选择范围（0.1μs～10 ms）/div。可根据被测信号频率的高低，选择适当的挡级。当扫描“微调”旋钮位于校准位置时，“t/div”挡级的标称值即可视为时基扫描速度。

（9）X·外触发：为水平信号或外触发信号的输入端。

（10）扫描校准：水平放大器增益的校准装置，用以对时基扫描速度进行校准。在校准扫速时，可借助于“V/div”开关于“⊓⊔”挡级100 mV方波校准信号的周期，其周期的长短直接决定于仪器使用电源电网频率。

（11）触发信号板性开关：用于选择触发信号的上升或下降部分来触发扫描电路，促使扫描启动。当开关置于“外接X”时，使“X·外触发”插座成为水平信号的输入。

（12）触发源选择开关：当开关位于“内”时，触发信号取自垂直放大器中引离出来的被测信号。当开关位于“电视场”时，其将来自垂直放大器中被测电视信号，通过积分电路，使屏幕上显示的电视信号与场频同步。当开关位于“外”时，触发信号将来自“X·外触发”插座。输入的外加信号与垂直被测信号应具有相应的时间关系。

（13）增益校准：用以校准垂直输入灵敏度的调节位置，可借助于“V/div”开关中“⊓⊔”挡级的100 mV方波信号，对垂直放大器的增益予以校准，使“微调”位于校准位置时，屏幕上显示方波波形的幅度恰为5 div。

（14）输入方式转换开关：耦合方式分“DC”、“⊥”、“AC”三种。“DC”输入端处于直接耦合状态，特别适用于观察各种缓慢变化的信号。“AC”输入端处于交流耦合状态，它隔断被测信号中的直流分量，使屏幕上显示的信号波形位置不受直流电平的影响。“⊥”输入端处于接地状态，便于确定输入端为零电位时光迹在屏幕上的基准位置。

（15）Y输入：垂直放大系统的输入插座。

（16）灵敏度选择开关：输入灵敏度自（0.02～10 V）/div挡，可根据被测信号的电压幅度，选择适当的挡级以利观测。当“微调”旋钮位于校准位置时，“V/div”挡级的标称值，即可视为示波器的垂直输入灵敏度。第一挡级的“⊓⊔”为100 mV频率为50 Hz的方波校准信号，供垂直输入，灵敏度的水平时基扫描校准之用。

（17）Y增益微调：用以连续改变垂直放大器的增益。当“微调”旋钮顺时针旋足，亦即位于校准位置增益最大。其微调范围大于2.5倍。

（18）Y移位：用于调节屏幕上光点或信号波形在垂直方向上的位置。

（19）平衡：使垂直放大系统的输入端电路中的直流电平保持平衡状态的调节装置，当垂直放大系统输入端电路出现不平衡时，屏幕上显示的光迹随“V/div”开关不同挡级的转换和“微调”的装置的转动而出现垂直方向的位移，平衡调节器可将这种位移减至最小。

（20）稳定度：用以改变扫描电路的工作状态，一般应处于待触发状态，使用时只需调电平旋钮即能使波形稳定地显示。

（21）X移位：用以调节屏幕上光点或信号波形在水平方向上的位置。

（22）荧光屏：用以观测波形。

实验九　弦振动研究实验

传统的教学实验多采用音叉计来研究弦的振动与外界条件的关系。采用柔性或半柔性的弦线，能用眼睛观察到弦线的振动情况，一般听不到与振动对应的声音。

本实验在传统的弦振动实验的基础上增加了实验内容：由于采用了钢质弦线，所以能够听到振动产生的声音，从而可研究振动与声音的关系；不仅能做标准的弦振动实验，还能配合示波器进行驻波波形的观察和研究，因为在很多情况下，驻波波形并不是理想的正弦波，直接用眼睛观察是无法分辨的；结合示波器，更可深入研究弦线的非线性振动以及混沌现象。

【实验目的】

1. 了解波在弦上的传播及弦波形成的条件。
2. 测量拉紧弦不同弦长的共振频率。
3. 测量弦线的线密度。
4. 测量弦振动时波的传播速度。

【实验原理】

实验仪器如图 9-1 所示，张紧的弦线 4 在驱动传感器 3 产生的交变磁场中受力。移动劈尖 6 改变弦长或改变驱动频率，当弦长是驻波半波长的整倍数时，弦线上便会形成驻波。仔细调整，可使弦线形成明显的驻波。此时我们认为驱动器所在处对应的弦为振源，振动向两边传播，在劈尖 6 处反射后又沿各自相反的方向传播，最终形成稳定的驻波。

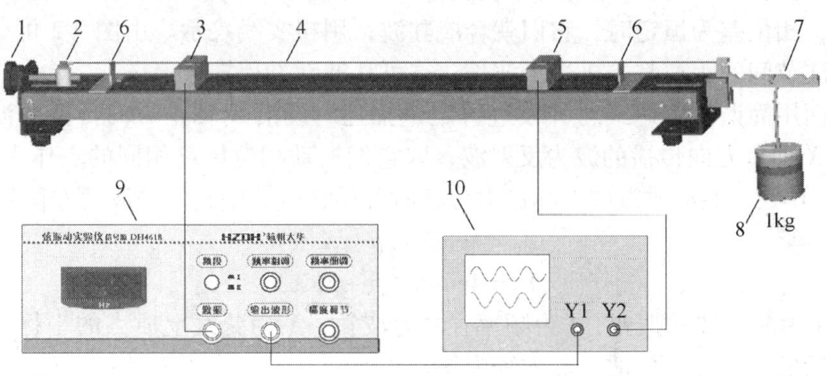

图 9-1　弦振动实验装置图

1—调节螺杆　2—圆柱螺母　3—驱动传感器　4—弦线　5—接收线圈　6—劈尖　7—张力杆　8—砝码　9—信号源　10—示波器

为研究问题方便，当弦线上最终形成稳定的驻波时，我们可以认为波动是从左端劈尖发出的，沿弦线朝右端劈尖方向传播，称为入射波，再由右端劈尖反射沿弦线朝左端劈尖传播，称为反射波。入射波与反射波在同一条弦线上沿相反方向传播时将相互干涉。在适当的条件下，弦线上就会形成驻波。这时弦线上的波被分成几段，形成波节和波腹。如图 9-2 所示。

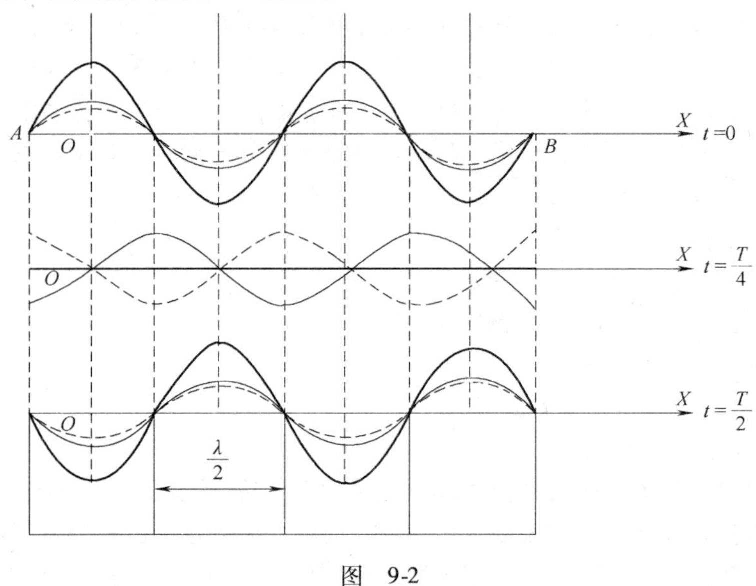

图　9-2

设图中的两列波是沿 X 轴相向方向传播的振幅相等、频率相同、振动方向一致的简谐波。向右传播的用细实线表示，向左传播的用细虚线表示，当传至弦线上相应点，相位差为恒定时，它们就合成驻波，用粗实线表示。由图 9-2 可见，两个波腹或波节间的距离都等于半个波长，这可从波动方程推导出来。

下面用简谐波表达式对驻波进行定量描述。设沿 X 轴正方向传播的波为入射波，沿 X 轴负方向传播的波为反射波，取它们振动相位始终相同的点作坐标原点，且在 $X=0$ 处，振动质点向上达最大位移时开始计时，则它们的波动方程分别为

$$Y_1 = A\cos 2\pi(ft - X/\lambda)$$

$$Y_2 = A\cos 2\pi(ft + X/\lambda)$$

式中，A 为简谐波的振幅；f 为频率；λ 为波长；X 为弦线上质点的坐标位置。两波叠加后的合成波为驻波，其方程为

$$Y_1 + Y_2 = 2A\cos 2\pi(X/\lambda)\cos 2\pi ft \tag{9-1}$$

由此可见，入射波与反射波合成后，弦上各点都在以同一频率做简谐振动，它们的振幅为 $|2A\cos 2\pi(X/\lambda)|$，只与质点的位置 X 有关，与时间无关。

由于波节处振幅为零，即 $|\cos 2\pi(X/\lambda)| = 0$

$$2\pi X/\lambda = (2k+1)\pi/2 \qquad (k=0, 1, 2, 3, \cdots)$$

可得波节的位置为

$$X = (2k+1)\lambda/4 \qquad (k=0, 1, 2, 3, \cdots) \tag{9-2}$$

而相邻两波节之间的距离为

$$X_{k+1} - X_k = [2(k+1)+1]\lambda/4 - (2k+1)\lambda/4) = \lambda/2 \tag{9-3}$$

又因为波腹处的质点振幅为最大，即$|\cos 2\pi(X/\lambda)| = 1$

$$2\pi X/\lambda = k\pi \qquad (k=0, 1, 2, 3, \cdots)$$

可得波腹的位置为

$$X = k\lambda/2 = 2k\lambda/4 \qquad (k=0, 1, 2, 3, \cdots) \tag{9-4}$$

这样，相邻的波腹间的距离也是半个波长。因此，在驻波实验中，只要测得相邻两波节（或相邻两波腹）间的距离，就能确定该波的波长。

在本实验中，由于弦的两端是固定的，故两端点为波节，所以，只有当均匀弦线的两个固定端之间的距离（弦长）L 等于半波长的整数倍时，才能形成驻波，其数学表达式为

$$L = n\lambda/2 \qquad (n=1, 2, 3, \cdots)$$

由此可得沿弦线传播的横波波长为

$$\lambda = 2L/n \tag{9-5}$$

式中，n 为弦线上驻波的段数，即半波数；L 为弦长。

根据波动理论，弦线横波的传播速度为

$$V = (T/\rho)^{1/2} \tag{9-6}$$

即

$$T = \rho V^2$$

式中，T 为弦线中张力；ρ 为弦线单位长度的质量，即线密度。

根据波速、频率与波长的普遍关系式 $V = f\lambda$，联立式（9-5）可得横波波速为

$$V = 2Lf/n \tag{9-7}$$

如果已知张力和频率 f，则由式（9-6）、式（9-7）可得线密度为

$$\rho = T(n/2Lf)^2 \qquad (n=1, 2, 3, \cdots) \tag{9-8}$$

如果已知线密度和频率 f，则由式（9-8）可得张力为

$$T = \rho(2Lf/n)^2 \qquad (n=1, 2, 3, \cdots) \tag{9-9}$$

如果已知线密度和张力，则由式（9-8）可得频率 f 为

$$f = \sqrt{\frac{T}{\rho}} \cdot \frac{n}{2L} \tag{9-10}$$

以上的分析是根据经典物理学得到的，实际的弦振动的情况是复杂的。我们在实验中可以看到，接收波形很多时候并不是正弦波，而是或者带有变形，或者没有规律振动，或者带有不稳定性振动，这就要求我们引入更新的非线性科学的分析方法（可以参见有关的资料）。

【乐理分析】

常见的音阶由7个基本的音组成，用唱名表示即 do，re，mi，fa，so，la，si，用7个音以及比它们高一个或几个八度的音、低一个或几个八度的音构成各种组合就成为各种乐器的“曲调”。每高一个八度的音的频率升高一倍。

振动的强弱（能量的大小）体现为声音的大小，不同物体的振动体现的声音音色是不同的，而振动的频率 f 则体现音调的高低。$f=261.6$ Hz 的音在音乐里用字母 c^1 表示，其相应的音阶表示为：c，d，e，f，g，a，b，在将 c 音唱成“do”时定为 c 调。人声及器乐中最富有表现力的频率范围为 60 ~ 1000 Hz。c 调中 7 个基本音的频率，以“do”音的频率 $f=261.6$ Hz 为基准，按十二平均律㊀的分法，其他各音的频率为其倍数，其倍数值见表 9-1。

表 9-1

音名	c	d	e	f	g	a	b	c
频率倍数	1	$(\sqrt[12]{2})^2$	$(\sqrt[12]{2})^4$	$(\sqrt[12]{2})^5$	$(\sqrt[12]{2})^7$	$(\sqrt[12]{2})^9$	$(\sqrt[12]{2})^{11}$	2
频率/Hz	261.6	293.7	329.6	349.2	392.0	440.0	493.9	523.2

金属弦线形成驻波后，产生一定的振幅，从而发出对应频率的声音。如果将驱动频率设置为表 9-1 所定的值，由弦振动的理论可知，通过调节弦线的张力或长度，形成驻波，就能听到与音阶对应的频率了（当然，这时候的环境噪音要小些）。这样做的特点是能产生准确的音调，有助于我们对音阶的判断和理解。

【实验仪器】

DH4618 型弦振动研究实验仪、双踪示波器。

实验仪器由测试架和信号源组成，测试架的结构如图 9-1 所示。

【实验内容】

1. 实验前准备

（1）选择一条弦，将弦的带有铜圆柱的一端固定在张力杆的 U 型槽中，把带孔的一端套到调整螺杆上圆柱螺母上。

（2）把两块劈尖（支撑板）放在弦下相距为 L 的两点上（它们决定弦的长度），注意窄的一端朝标尺，弯脚朝外，如图 9-1 所示；放置好驱动线圈和接收线圈，按图连接好导线。

㊀ 常用的音乐律制有五度相生律、纯律（自然律）和十二平均律三种，所对应的频率是不同的。五度相生律是根据纯五度定律的，因此在音的先后结合上自然协调，适用于单音音乐。纯律是根据自然三和弦来定律的，因此在和弦音的同时结合上纯正而和谐，适用于多声音乐。十二平均律是目前世界上最通用的律制，在音的先后结合和同时结合上都不是那么纯正自然，但由于它转调方便，在乐器的演奏和制造上有着许多优点，在交响乐队和键盘乐器中得到广泛使用。常见的乐器都是参照表 9-1 确定的值制造的，例如钢琴、竖琴、吉他等。

（3）将质量可选砝码挂到张力杆上，然后旋动调节螺杆，使张力杆水平（这样才能从挂的物块质量精确地确定弦的张力）。因为杠杆的原理，通过在不同位置悬挂质量已知的物块，从而获得成比例的、已知的张力，该比例是由杠杆的尺寸决定的。如图 9-3a 所示，挂质量为“M”的重物在张力杆的挂钩槽 3 处，弦的拉紧度等于 3M；如图 9-3b 所示，挂质量为“M”的重物在张力杆的挂钩槽 4 处，弦的拉紧度为 4M……

注意：由于张力不同，弦线的伸长也不同，故需重新调节张力杆的水平。

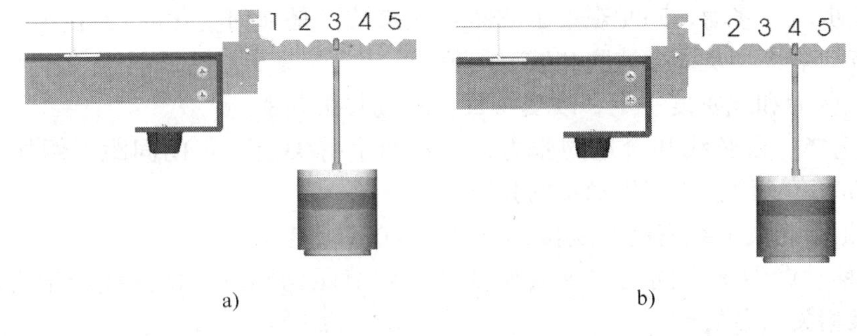

图 9-3　张力大小的示意

a）张力 $3Mg$　b）张力 $4Mg$

2. 实验内容

（1）张力、线密度和弦长一定，改变驱动频率，观察驻波现象和驻波波形，测量共振频率。

1）放置两个劈尖至合适的间距，例如 60 cm，装上一条弦。在张力杠杆上挂上一定质量的砝码（注意，总质量还应加上挂钩的质量），旋动调节螺杆，使张力杠杆处于水平状态，把驱动线圈放在离劈尖大约 5 ~ 10 cm 处，把接收线圈放在弦的中心位置。（提示：为了避免接收线圈和驱动线圈之间的电磁干扰，在实验过程中要保证两者之间的距离至少有 10 cm。）

2）驱动信号的频率调至最小，适当调节信号幅度，同时调节示波器的通道增益为 10 mV/格。

3）慢慢升高驱动信号的频率，观察示波器接收到的波形的改变。注意：频率调节过程不能太快，因为弦线形成驻波需要一定的能量积累时间，太快则来不及形成驻波。如果不能观察到波形，则调大信号源的输出幅度；如果弦线的振幅太大，造成弦线敲击线圈，则应减小信号源输出幅度；适当调节示波器的通道增益，以观察到合适的波形大小。一般一个波腹时，信号源输出为 2 ~ 3 V（峰-峰值），即可观察到明显的驻波波形，同时观察弦线，应当有明显的振幅。当弦的振动幅度最大时，示波器接收到的波形振幅最大，这时的频率就是共振频率。

4）记下这个共振频率，以及线密度、弦长和张力，弦线的波腹、波节的位置和个数等参数。如果弦线只有一个波腹，这时的共振频率为最低，波节就是弦线的两个固定端（两个劈尖处）。

5）再增加输出频率，连续找出几个共振频率（3~5个）并记录。注意，接收线圈如果位于波节处，则示波器上无法测量到波形，所以驱动线圈和接收线圈此时应适当移动位置，以观察到最大的波形幅度。当驻波的频率较高，弦线上形成几个波腹、波节时，弦线的振幅会较小，眼睛不易观察到。这时把接收线圈移向右边劈尖，再逐步向左移动，同时观察示波器（注意波形是如何变化的），找出并记下波腹和波节的个数，及每个波腹和波节的位置。

（2）张力和线密度一定，改变弦长，测量共振频率。

1）选择一根弦线和合适的张力，放置两个劈尖至一定的间距，例如60 cm，调节驱动频率，使弦线产生稳定的驻波。

2）记录相关的线密度、弦长、张力、波腹数等参数。

3）移动劈尖至不同的位置改变弦长，调节驱动频率，使弦线产生稳定的驻波。记录相关的参数。

（3）弦长和线密度一定，改变张力，测量共振频率和横波在弦上的传播速度。

1）放置两个劈尖至合适的间距，例如60 cm，选择一定的张力，改变驱动频率，使弦线产生稳定的驻波。

2）记录相关的线密度、弦长、张力等参数。

3）改变砝码的质量和挂钩的位置，调节驱动频率，使弦线产生稳定的驻波。记录相关的参数。

（4）张力和弦长一定，改变线密度，测量共振频率和弦线的线密度。

1）放置两个劈尖至合适的间距，选择一定的张力，调节驱动频率，使弦线产生稳定的驻波。

2）记录相关的弦长、张力等参数。

3）换用不同的弦线，改变驱动频率，使弦线产生同样波腹数的稳定驻波。记录相关的参数。

（5）聆听音阶高低及与频率的关系。

1）对照表9-1，选定一个频率，选择合适的张力，通过移动劈尖的位置，改变弦长，在弦线上形成驻波，聆听声音的音调和音色。

2）依次选择其他频率，聆听声音的变化。

3）换用不同的弦线，重复以上步骤。

*（6）探究弦线的非线性振动。

1）设定一定的张力、线密度、弦长和驱动频率，张力不要过大，频率不宜过高，在示波器上观察到驻波波形。

2）移动接收线圈的位置，注意驻波波形有无变化。

3）移动接收线圈的位置，注意驻波频率有无变化。

【数据处理】

1. 张力和弦长一定，测量弦线的共振频率和横波的传播速度。

根据式（9-10）求得的共振频率计算值，与实验得到的共振频率相比较，分析这两者存在差异的原因。

弦长________ cm　张力________ $kg \cdot m/s^2$　线密度________ kg/m

波腹位置 /cm	波节位置 /cm	波腹数	波长 /cm	共振频率 /Hz	频率计算值 $f=\sqrt{\frac{T}{\rho}}\cdot\frac{n}{2L}$	传播速度 $V=2Lf/n/(m/s)$

2. 张力和线密度一定，改变弦长，测量弦线的共振频率和横波的传播速度。

张力________ $kg \cdot m/s^2$　线密度________ kg/m

弦线长度 /cm	波腹位置 /cm	波节位置 /cm	波腹数	波长 /cm	共振频率 /Hz	传播速度 $V=2Lf/n/(m/s)$

作弦长与共振频率的关系图。

3. 弦长和线密度一定，改变张力，测量弦线的共振频率和横波的传播速度。

弦长________ cm　线密度________ kg/m

张力 $/kg \cdot m/s^2$	波腹位置 /cm	波节位置 /cm	波腹数	波长 /cm	共振频率 /Hz	传播速度 $V=2Lf/n/(m/s)$

作张力与共振频率的关系图。

根据 $V=\sqrt{\frac{T}{\rho}}$ 算出波速，这一波速与 $V=f\lambda=2Lf/n$（f 是共振频率，λ 是波长）作比较，分析存在差别的原因。

作张力与波速的关系图。

4. 弦长和张力一定，改变线密度，测量弦线的共振频率和线密度。

已知弦线的静态线密度（由天平秤称出单位长度的弦线的质量）为

弦线1：0.562 g/m；弦线2：1.030 g/m；弦线3：1.515 g/m。

弦长____cm　　张力____ $kg\cdot m/s^2$

弦线	波腹位置 /cm	波节位置 /cm	波腹数	波长 /cm	共振频率 /Hz	线密度 $\rho=T(n/2Lf)^2/(kg/m)$
弦线1（Φ0.3）						
弦线2（Φ0.4）						
弦线3（Φ0.5）						

比较测量所得的线密度与上述静态线密度有无差别，试说明原因。

【注意事项】

1. 仪器应可靠放置，张力挂钩应置于实验桌外侧，并注意不要让仪器滑落。

2. 弦线应可靠挂放，砝码的悬挂的取放应动作轻小，以免使弦线崩断而发生事故。

【思考题】

1. 如果弦线有弯曲或者不是均匀的，对共振频率和驻波有何影响？

2. 相同的驻波频率时，不同的弦线产生的声音是否相同？

3. 试用本实验的内容阐述吉他的工作原理。

附录　DH4618型弦振动实验仪信号源使用说明

1. 概述

在研究弦振动实验时，需要功率信号源对弦线进行激励驱动，使其产生驻波。本信号源可配合 DH4618 型弦振动研究实验仪进行弦振动实验。仪器的特点是输出阻抗低，激振信号不易失真，同时频率稳定性好，频率的调节细度和分辨率也足够小，能很好地找到弦线的共振频率。

本仪器也可在其他合适的场合作正弦波信号源用。

2. 主要技术指标

（1）环境条件

使用温度范围：5～35 ℃，相对湿度范围：25%～85%

（2）电源

交流 220 V(1±10%)，50 Hz

（3）频率

频率信号为正弦波，失真度≤1%

频率范围：频段Ⅰ为 15～100 Hz，频段Ⅱ为 100～1000 Hz

（4）频率显示

采用等精度测频，四位数字显示

测量范围：0～99.99 Hz，分辨率 0.01 Hz，测频精度：±0.01(1+0.2%) Hz

100.0～999.9 Hz，分辨率 0.1 Hz，测频精度：±0.1(1+0.2%) Hz

1000～9999 Hz，分辨率 1 Hz，测频精度：±1(1+0.2%) Hz

（5）功率输出

输出幅度：0～10 V_{P-P}连续可调，输出电流：≥0.5 A

3. 仪器结构

仪器的信号输出及调节均在前面板上进行，图 9-1-1 为仪器的前面板图。

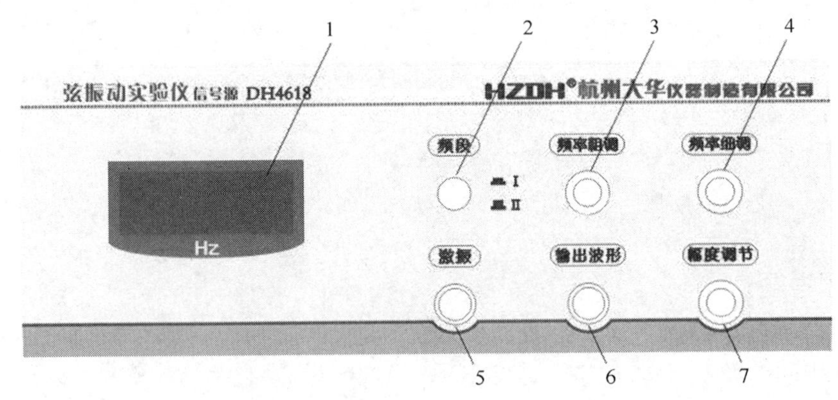

图 9-1-1 仪器面板图

1—四位数显频率表 2—频段选择 3—频率粗调 4—频率细调

5—激励信号输出 6—激励信号波形 7—激励信号幅度调节

4. 仪器的使用

（1）打开信号源的电源开关，信号源通电。调节频率，频率表应有相应的频率指示。用示波器观察“波形”端，应有相应的正弦波；调节“幅度”旋钮，波形的幅度产生变化，当幅度调节至最大时，波形的峰-峰值应≥10 V，这时仪器已基本正常，再通电预热 10 min 左右，即可进行弦振动实验。

（2）按 DH4618 型弦振动研究实验仪的讲义说明，将驱动传感器的引线接至本仪器的“激振”端，注意连线的可靠性。

（3）仪器的频率“粗调”用于较大范围地改变频率，“细调”用于准确地寻找共振频率。由于弦线的共振频率的范围很小，故应细心调节，不可过快，以免错过相应的共振频率。

（4）当弦线振动幅度过大时，应逆时针调节“幅度”旋钮，减小激振信号；振动幅度过小时，应加大激振信号的幅度。

5. 注意事项

（1）仪器的“激振”输出为功率信号，应防止短路。

（2）仪器的频率稳定度和显示精度都较高，故使用前应预热。

实验十 电表的改装和校正

在直流电路中，测量电流或电压时，根据被测量的量值范围不同，需要用各种量程的电流表或电压表。这些电表一般由满度电流很小的电流计（又称表头）并联或串联上适当阻值的电阻改装而成。这种改装又叫电表量程扩大。

【实验目的】

1. 学会测定表头内阻的方法。
2. 掌握扩大电表量程的原理和方法。
3. 学会校正电表的方法。

【实验原理】

1. 表头内阻的测定

扩大电表量程时，首先需要知道表头的两个参量，即表头的满度电流 I_g 和表头内阻 R_g。

在图 10-1 所示电路中，S_2 断开，使分压器 R_1 的分压值为零，然后合上 S_1，调节分压器 R_1 使表头 μA 指针偏转满刻度，这时作为标准表（0.5 级微安表）的读数即为表头的满度电流 I_g。

合上 S_2，调节分压器 R_1 和电阻箱 R_2，要求维持标准表读数仍然为 I_g，而使表头 μA 的指针指向满度的一半。这时电阻箱 R_2 所示阻值即为表头内阻 R_g。这一方法叫作半偏法测内阻。

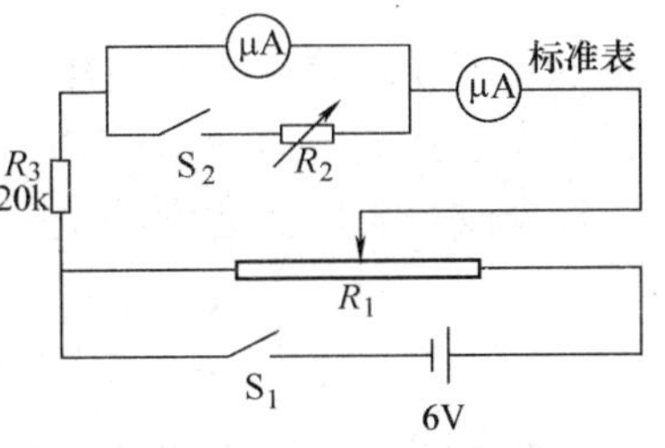

图 10-1 表头内阻的测定

2. 扩大表头的电流量程

表头的满度电流很小，若要测量较大的电流，就得扩大表头的电流量程，将表头改装成电流表。

在表头上并联一个分流电阻 R_P，如图 10-2 所示。表头及 R_P 作为一个整体，改装成已扩大了量程的电流表。其中 R_P 的作用是在改装表既定的量程范围内，使通过改装表的电流的绝大部分通过 R_P，而通过表头部分的电流甚小，不超过 I_g。

设改装后电表量程 I 为 I_g 的 n 倍，即 $I=nI_g$。由图 10-2 中并联电路的关系，有

$$I_gR_g=(I-I_g)R_P=(n-1)I_gR_P$$

由于通过改装表的电流与通过表头的电流成正比，所以表头指针偏转的大小就可表示被测电流的量值。

根据改装表所要达到的量程，应并联的分流电阻 R_P 的值为

$$R_P=\frac{1}{n-1}R_g \tag{10-1}$$

因此，在表头上并联一个阻值为$\frac{1}{n-1}R_g$的分流电阻，就能使表头的电流量程扩大到I_g的n倍。

3. 扩大表头的电压量程

表头的满度电压（$U_g=I_gR_g$）也很小，若要测量较大的电压，就得扩大表头的电压量程，将表头改装成电压表。

在表头上串联一个分压电阻R_s，如图10-3所示。表头及R_s作为整体，改装成大量程的电压表。加在改装表上的电压绝大部分降落在R_s上，而加在表头上的电压甚小，不超过U_g。

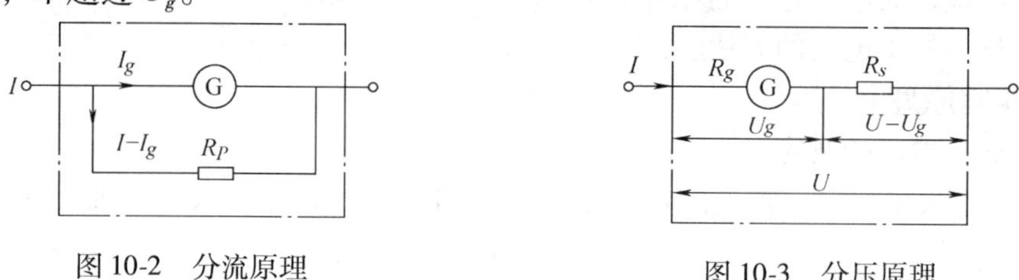

图10-2 分流原理

图10-3 分压原理

设改装后电压表的量程为U，由图10-3串联电路的关系，有

$$U=(R_g+R_s)I_g$$

由于落在改装表上的电压与落在表头上的电压成正比，所以表头指针偏转的大小就可表示被测电压的量值。

根据改装表所要达到的量程，应串联的分压电阻R_s的值为

$$R_s=\frac{U}{I_g}-R_g \tag{10-2}$$

因此，在表头上串联一个阻值为$\frac{U}{I_g}-R_g$的分压电阻，就能把表头改装成量程为U的电压表。

4. 电表的校正和最大允差的确定

通过与标准值比较来确定电表上每个刻度读数的正确值，称为“校准”。对于线性的电表，一般用调节元件等方法来校准零点和满刻度两点，使之与标准值一致；其他各点的校准结果则用来确定该电表的最大允差。

（1）校准零点的方法是：先把电表的两接线柱短路，然后用旋具调节电表的调零螺钉，使电表的指针指向零点。

（2）校准满刻度的方法是：将电表接入相应的校准电路，使待校准的电表与标准电表（一般选用精度较高的电表）测量同一物理量（如电压、电流等）；然后调节输入物理量的大小，使标准电表的读数值恰好等于待校准电表的满刻度值，调节待校准电表中的元件（如可变电阻等）的值，使待校准电表的指针指到满刻度，

即获得分流或分压电阻的实验值。

（3）其他各点的校准方法是：在校准电路中，调节输入物理量的大小使待校准的电表的指针指到某一刻度线，用标准电表测出该刻度线所对应的实际读数（设被校电表的指示值为 I，标准表读数为 I_0），求出两者的差值 $\Delta I_i = I_{0i} - I_i$。如此重复，得到电表各个刻度的差值。选取其中绝对值最大的一个即为该电表的仪器最大允差。将最大允差除以电表的量程，再乘 100，即得到电表的等级，即

$$\text{电表等级} = \frac{\text{电表最大允差}}{\text{量程}} \times 100$$

例如，一个满刻度为 1 mA 的电流表，校准时得到各刻度值与标准电表的最大差值为 0. 005 mA，则其最大允差 0. 005 mA，电表的等级为 0. 5 级；若最大差值为 0. 01 mA，则为 1. 0 级；最大差值为 0. 02 mA，则为 2. 0 级……（注意：电表的级别一般只以 0. 5 级为阶，如算得的级别为 1. 2、1. 3 等，则取 1. 5 级；算得的级别为 1. 6、1. 7 等，则取 2. 0 级。）

（4）电表的校正结果除用等级表示外，还经常用校正曲线表示。以被校表的指示值 I 为坐标横轴，以各刻度差值 ΔI 为坐标纵轴，根据数据 ΔI_i 和 I_i 做出呈折线状的图线（见图 10-4）。使用电表时，可根据校正曲线查出指示值的偏差，对被校表的读数值进行修正，得到较为准确的结果。

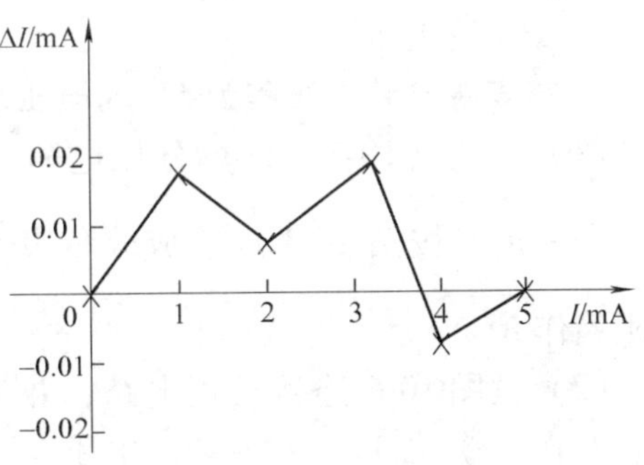

图 10-4　电流表校正曲线

【实验仪器】

电源、表头（直流微安表）、电阻箱、滑线变阻器、0. 5 级直流微安表、0. 5 级多量程直流毫安表、0. 5 级多量程直流电压表、开关等。

【实验内容】

1. 测量表头内阻

按图 10-1 连接线路（电阻箱 R_2 的阻值调到 2500 Ω 左右，方可合上电源，标准表 μA 的量程取 100 μA 或 200 μA，测量表头的满度电流 I_g，并用半偏法测量表头的内阻 R_g。

表头参数为：满度电流 I_g；表头内阻 R_g。

2. 将表头改装成量程为 5mA 的毫安表

（1）表头参数 I_g、R_g 及量程扩大倍数 n，计算分流电阻理论值 $R_P = \dfrac{R_g}{n-1}$，并按图 10-2 连接成改装表。实验中用电阻箱作 R_P。

（2）按图 10-5 连接校正电路。

首先校正电表指针指零，然后校正满度。调节 R_1，并对 R_P 稍加调节，使标准表的示值为 5 mA，同时改装表为满刻度。记下分流电阻实验修正值 R_P'，以后校正过程中保持 R_P' 不变。

（3）然后逐一改变 R_1 使改装表读数为 4 mA，3 mA，2 mA，1 mA，读出标准表上相应读数，并作记录。

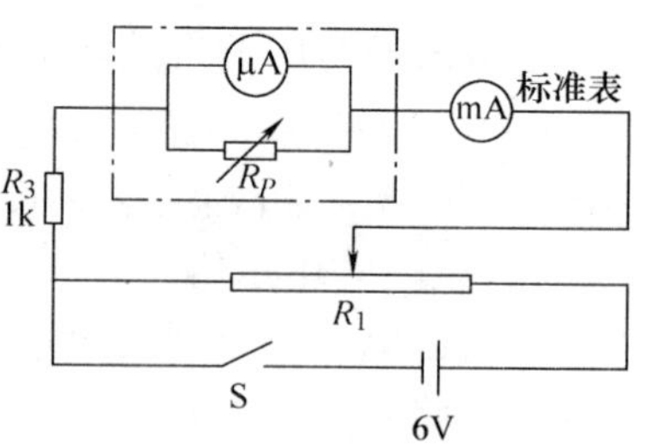

图 10-5 毫安表改装和校正电路

改装表 I_i/mA						
标准表 I_{0i}/mA						
$\Delta I=(I_{0i}-I_i)$/mA						

$$电表等级=\frac{电表最大允差}{量程}\times 100$$

作 ΔI-I 校正曲线。

3. 将表头改装成量程为 5V 的电压表

（1）按式（10-2）计算分压电阻理论计算值 $R_s=\frac{U}{I_g}-R_g$，按图 10-3 连接成改装表。实验中用电阻箱作 R_s。

（2）按图 10-6 连接校正电路，并参照上述步骤（2 中（2）、（3））对改装的电压表进行校正。

分压电阻实验修正值为 R_s'。

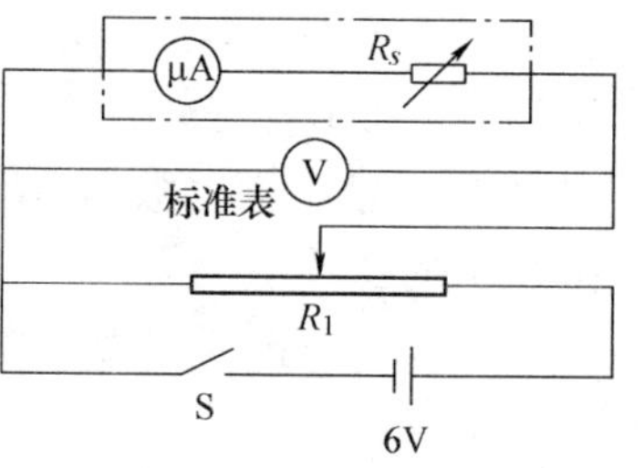

图 10-6 表改装和校正电路

改装表 U_i/V						
标准表 U_{0i}/V						
$\Delta U=(U_{0i}-U_i)$/V						

$$电表等级=\frac{电表最大允差}{量程}\times 100$$

作 ΔU-U 校正曲线。

【注意事项】

1. 各电表在使用前要注意其机械零点的校正。

2. 使用多量程表时，量程选择由大而小，且使读数的有效位最多。

【思考题】

1. 还可用哪些方法测量表头内阻？试举几例。

2. 在各电路中电阻器 R_1 起什么作用？开始时活动端应放在什么位置？图 10-1 及图 10-5 中的 R_3 起什么作用？

实验十一 用读数显微镜观测牛顿环

光的干涉现象是波动过程的基本特性之一。在对光的认识过程中，它为光的波动性理论提供了重要的实验证据。目前，光的干涉现象在科学研究和工程技术上有着越来越广泛的应用。例如，测量光波波长，精确地测量微小物体的长度、厚度和角度，检验加工物体表面的光洁度，测定材料的折射率等。

本实验将利用光的干涉现象测量平凸透镜的曲率半径。

【实验目的】

1. 观察、研究等厚干涉现象及其特点。
2. 学会用牛顿环干涉现象测量平凸透镜曲率半径的方法。
3. 学会调节和使用读数显微镜。
4. 掌握用逐差法和作图法处理数据。

【实验原理】

牛顿环干涉现象如图 11-1a 所示，在精磨的玻璃平板 BB' 上放置一个曲率半径很大的平凸透镜 AOA'，其凸面和平板玻璃 BB' 相切于 O 点，因而在两者之间形成一层以点 O 为中心，向边缘四周逐渐增厚的空气薄膜。若以平行单色光垂直照射时，由于平凸透镜下表面所反射的光 1 和玻璃平板上表面所反射的光 2 相遇而发生干涉，在透镜凸面 T 处产生等厚干涉条纹，两束光的光程差为

$$\delta = 2e_k + \frac{\lambda}{2} \tag{11-1}$$

式中，e_k 是半径为 r_k 处空气薄膜的厚度；$2e_k$ 是两束光的几何路程差；λ 为入射光波波长；$\lambda/2$ 是附加光程差，它是由于光从光疏介质（空气）射向光密介质（玻璃）的界面上反射时，发生半波损失而引起的。

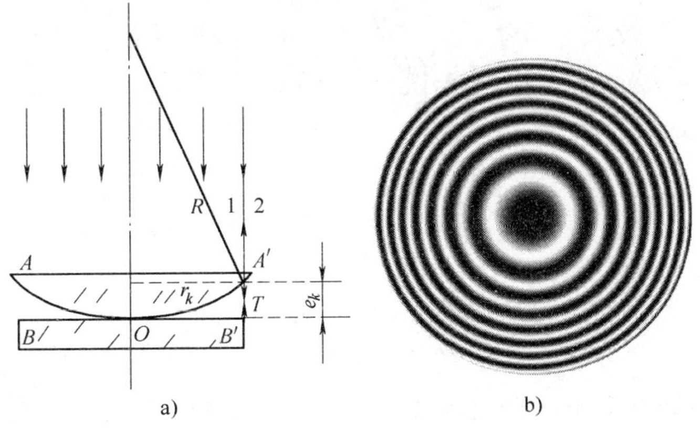

图 11-1 牛顿环的干涉原理及干涉条纹

根据干涉加强和减弱条件，有

亮环 $$\delta = 2e_k + \frac{\lambda}{2} = 2k\frac{\lambda}{2} \quad (k=1, 2, 3, \cdots) \tag{11-2}$$

暗环 $$\delta = 2e_k + \frac{\lambda}{2} = (2k+1)\frac{\lambda}{2} \quad (k=0, 1, 2, 3, \cdots) \tag{11-3}$$

从式（11-1）可知，当入射光波波长 λ 确定后，光程差 δ 仅与 e_k 有关，即厚度相等的地方干涉情况也相同，因此干涉条纹是一组明暗相间内疏外密的同心圆环，称为牛顿环，如图 11-1b 所示。这种干涉现象称为等厚干涉现象。

由图 11-1a 的几何关系可得

$$r_k^2 = R^2 - (R - e_k)^2 = 2R \cdot e_k - e_k^2$$

因为 $R >> e_k$，所以 $2Re_k >> e_k^2$，从上式中略去 e_k^2，得

$$e_k = \frac{r_k^2}{2R} \tag{11-4}$$

将式（11-4）代入式（11-3），有

$$R = \frac{r_k^2}{k\lambda} \tag{11-5}$$

由式（11-5）可知，若测出第 k 级暗环的半径 r_k，且单色光源的波长 λ 为已知，就能算出球面的曲率半径 R。反之，如果 R 已知，测出 r_k 后，就可以计算出入射单色光源的波长 λ。然而，用此测量关系式时往往误差很大，原因是在实验中由于机械压力引起的形变以及镜面间可能存在微小灰尘，使得凸面和平面接触处不可能是一个理想的点接触，而是一个不很规则的圆斑。因此很难准确地测出 k 与 r_k。实际上，我们可以通过两条暗环直径的平方差值来计算 R。如设第 m 条暗环和第 n 条暗环的直径各为 D_m 和 D_n，则由式（11-5）可得

$$\left(\frac{D_m}{2}\right)^2 = mR\lambda \tag{11-6a}$$

$$\left(\frac{D_n}{2}\right)^2 = nR\lambda \tag{11-6b}$$

两者之差为

$$\frac{D_m^2}{4} - \frac{D_n^2}{4} = (m-n)R\lambda$$

即

$$R = \frac{D_m^2 - D_n^2}{4(m-n)\lambda} \tag{11-7}$$

这样，在实验中就不必确定暗环的级数及环中心，只要测出直径的二次方差 $D_m^2 - D_n^2$ 及环数差 $m-n$ 即可得到曲率半径 R。经过上述变换过程，避开了难测的量

k 和 r_k，提高了测量的精度。这是物理实验中常用的处理方法。

【实验仪器】

读数显微镜、钠光灯（附镇流器）、牛顿环仪等。

整个实验装置如图 11-2 所示。图中的读数显微镜由一个带十字叉丝的显微镜和一个螺旋测微装置所组成。

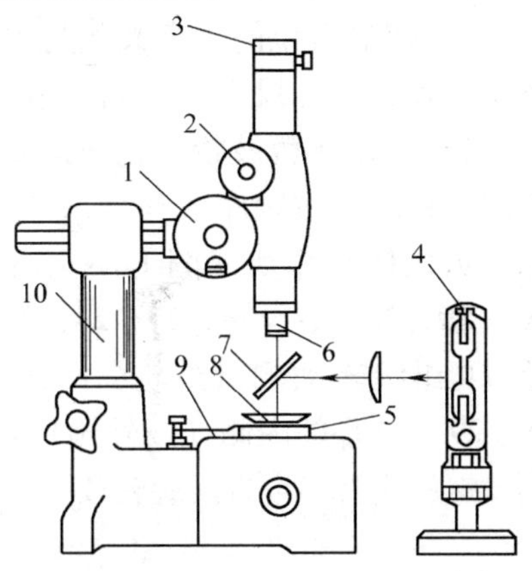

图 11-2　牛顿环实验装置

1—测微鼓轮　2—物镜调节旋钮　3—目镜　4—钠光灯　5—平晶　6—物镜　7—反射玻璃片　8—牛顿环仪　9—载物台　10—支架

【实验内容】

1. 测量平凸透镜的曲率半径

（1）观察牛顿环仪的干涉条纹

调节牛顿环仪的三个螺钉，使干涉条纹处于牛顿环仪的中央位置。

（2）调节读数显微镜

1）照明

按图 11-2 安置好实验仪器。将读数显微镜的物镜对准牛顿环仪的中央，移动读数显微镜，对准钠光灯源。同时调节 45°平面反射玻璃片，使钠灯发出的单色光经 45°平面反射玻璃片反射后垂直向下入射到牛顿环仪上，使视场最亮。

2）调焦

①旋转目镜，改变目镜与叉丝之间的距离，直到能看清叉丝为止。

②将读数显微镜的物镜靠近待测的牛顿环仪，旋转调焦手轮，改变牛顿环仪与物镜之间的距离，使牛顿环仪通过物镜成的像恰好在叉丝的平面上，直到在目镜中能同时看清叉丝和放大的牛顿环的像为止。

3）读数

标尺、读数准线及测微鼓轮组成了一个旋转测微装置。测微鼓轮的圆周上刻有 100 格的分度，它旋转一周，读数准线就沿标尺前进或后退 1 mm，故测微鼓轮的分度值为 0. 01 mm。在图 11-3 所示情况中，读数为 29. 753 mm。

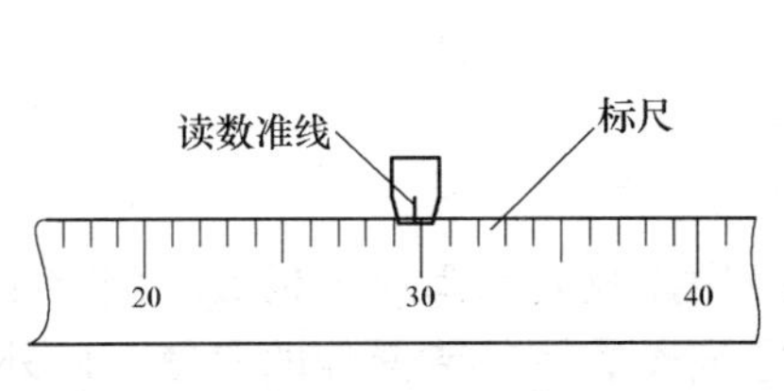

标尺读数 29.00 mm

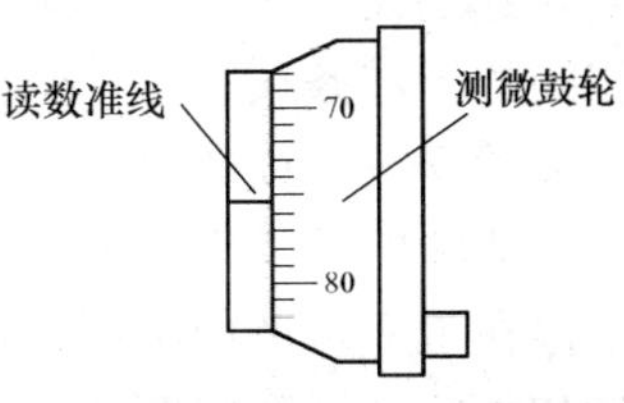

测微鼓轮读数为 0.753 mm

图 11-3　读数显微镜读数示意图

（3）测牛顿环直径

1）使显微镜的十字叉丝与牛顿环中心大致重合，旋转读数显微镜的目镜使一条十字叉丝与标尺平行，固定紧固螺钉。

2）转动测微鼓轮，先使镜筒由标尺中间向右移动，观察十字叉丝从牛顿环中心向左移动，按顺序数到第32环，再反向转退到 $m=30$ 环，使十字叉丝与环的外侧（或内侧）相切（图11-4），记录读数。然后继续转动测微鼓轮，使十字叉丝依次与29，28，27，26，25，24，23，22，21环的外侧（或内侧）相切，顺次记下读数。再继续转动测微鼓轮，使叉丝依次与圆心右方21，22，23，24，25，26，27，28，29，30环的内侧（或外侧）相切，顺次记下各环的读数。在测量时要格外小心，测微螺旋应沿一个方向旋转读数，中途不得反转，以免螺旋空程引起误差。

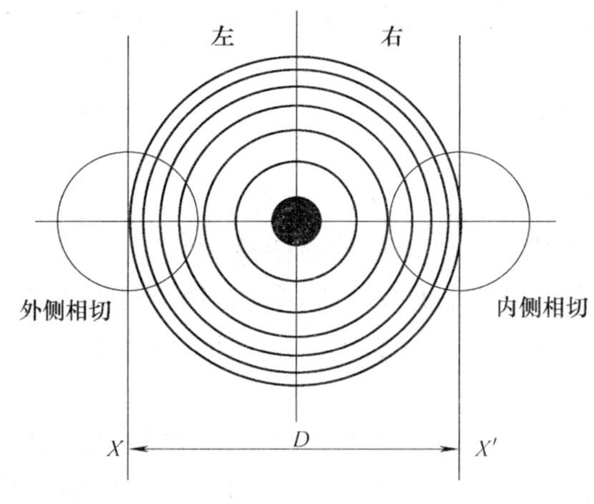

图11-4 测牛顿环直径示意图

2. 观察、了解空气劈尖的干涉条纹

取两块光学平面玻璃板A和B，使一端相接处，另一端插入一细丝（或薄片），这样在两块玻璃板之间形成了一个空气劈尖，如图11-5a所示。当用平行单色光垂直照射时，由空气劈尖上表面反射的光束1和下表面反射的光束2在劈尖的上表面 T 处相遇而发生干涉，呈现出一组与两块玻璃板的交线相平行的且间隔相等、明暗相间的干涉条纹。

将劈尖装置安放在读数显微镜的载物台上，按前述步骤调节读数显微镜，直到在目镜中看到清晰的劈尖干涉条纹，见图11-5b。

劈尖干涉在工业生产中有很广泛的应用，只要测出玻璃板交线到被测物的距离和干涉条纹相邻暗条纹的间距，就能测定细丝的直径或薄片的厚度。此外，还可以通过观察劈尖装置等厚干涉条纹是否相互平行、平直等距来检验加工物件表面的平整度等技术指标。

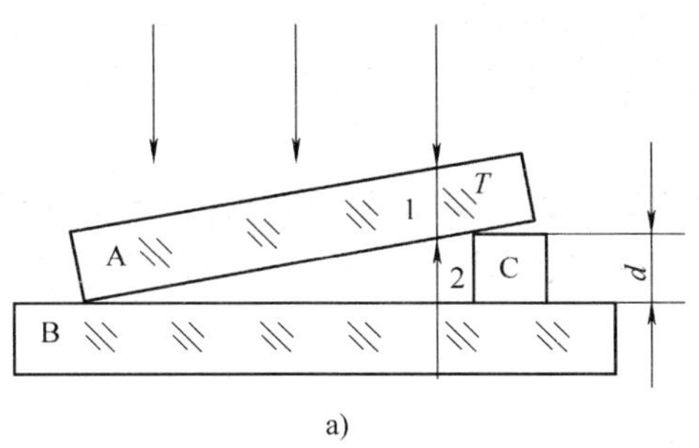

a)

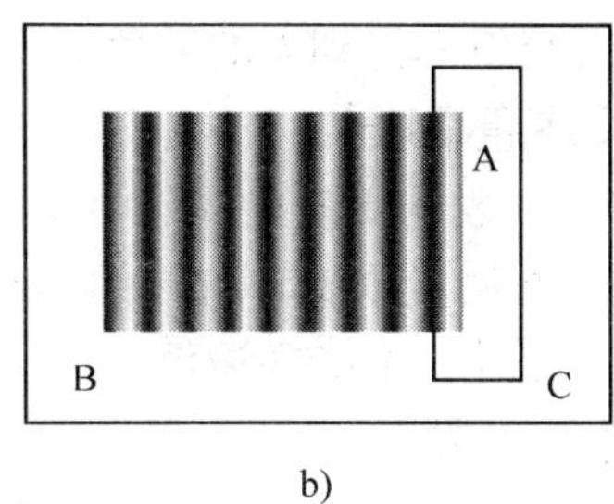

b)

图 11-5　劈尖干涉原理及干涉条纹

【数据处理】

1. 用逐差法处理数据

（1）将实验测得数据填入表 11-1 中，并用逐差法（详见第一章）计算平均值 $\overline{D_m^2 - D_n^2}$。

已知：钠光灯光波波长 $\lambda = 5893\ \text{Å} = 5.893 \times 10^{-4}\ \text{mm}$；$m - n = 5$

表　11-1

环数 m	读数/mm		直径/mm D_m(左-右)	D_m^2/mm^2	环数 n	读数/mm		直径/mm D_n(左-右)	D_n^2/mm^2	$D_m^2 - D_n^2$
	左	右				左	右			
30					25					
29					24					
28					23					
27					22					
26					21					

（2）根据下式计算平凸透镜曲率半径的平均值 $\overline{R}$。

$$\overline{R} = \frac{\overline{D_m^2 - D_n^2}}{4(m-n)\lambda}$$

2. 用作图法处理数据

测出了各对应 m 环的直径 D_m，由式（11-6）可得

$$D_m^2 = (4R\lambda)m = km \tag{11-8}$$

式（11-8）中

$$k = 4R\lambda$$

即

$$R = \frac{k}{4\lambda} \tag{11-9}$$

以环数 m 为横坐标轴，直径平方 D_m^2 为纵坐标轴，绘制 D_m^2-m 图线，应为一直线。由其斜率得到 k 的数值。根据式（11-9），计算平凸透镜的曲率半径 R。

【注意事项】

1. 读数显微镜在调节中要防止其物镜与被测牛顿环元件相碰，以免损坏仪器。

2. 在测量牛顿环直径的过程中，为了避免螺距空程误差，在读数过程中只能单方向前进，不能中途倒退。

【思考题】

1. 比较牛顿环和劈尖的干涉条纹的不同点。

2. 试解释牛顿环从中心开始越向外干涉条纹越密的原因。

实验十二　光的干涉、光的衍射及偏振光实验

（一）光的干涉实验

干涉现象是波动独有的特征。由于光是一种电磁波，能够发生干涉现象，因此我们在生活中能够观察到光的干涉现象。光源发出的光经过光学薄膜分为若干个子波。由于这些子波来自同一源波，因此具有相同的频率和偏振方向。由于每个子波经过的波程不同，再次相遇时对应的相位不同，从而出现明暗相间的干涉现象。

【实验目的】

1. 理解光的干涉原理，观察杨氏双缝干涉现象。
2. 通过杨氏双缝干涉实验测量光源波长。
3. 通过实验了解菲涅尔双面镜、劳埃德镜干涉原理。

【实验原理】

1. 杨氏双缝干涉

1801 年，英国物理学家托马斯·杨在实验室里成功地观察到了光的干涉。杨氏实验以简单的装置和巧妙的构思，利用普通光源实现了分波阵面方法的干涉。它不仅是许多其他光学的干涉装置的原型，在理论上还可以从中提取许多重要的概念和启发，无论从经典光学还是从现代光学的角度来看，杨氏实验都具有十分重要的意义。

图 12-1 为杨氏双缝干涉实验的示意图。点光源 S 发出的球面光波，经过 S_1 和 S_2 两个狭缝后，形成两个次级子波（球面波）向前传播，在光屏上形成交叠的波场。这两个相干的光波在距离狭缝为 D 的接收屏上叠加，形成干涉图样。

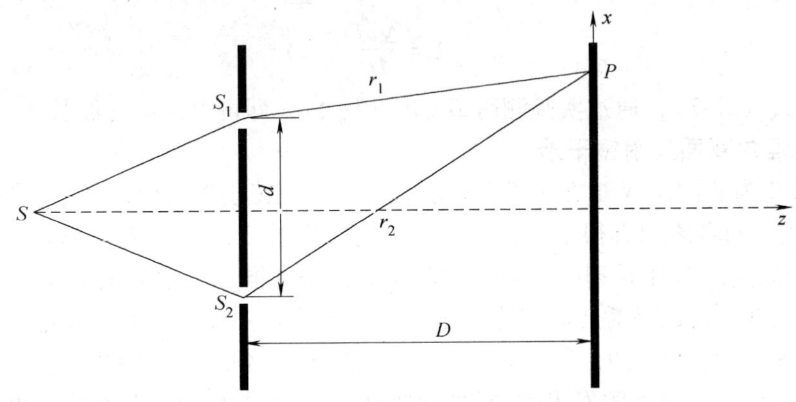

图 12-1　杨氏双缝干涉实验原理图

根据图 12-1，设两个双缝 S_1 和 S_2 的间距为 d，它们到屏幕的垂直距离为 D。假定 S_1 和 S_2 到 S 的距离相等，S_1 和 S_2 处的光振动具有相同的相位，屏幕上各点

的干涉强度将由光程差决定。那么 S_1 和 S_2 到 P 点的距离 r_1 和 r_2 分别为

$$r_1 = S_1P = \sqrt{(x-d/2)^2 + y^2 + D^2} \tag{12-1}$$

$$r_2 = S_2P = \sqrt{(x+d/2)^2 + y^2 + D^2} \tag{12-2}$$

在空气中，则两束光到达 P 点的光程差为

$$\Delta L = r_2 - r_1 = \frac{2xd}{r_1 + r_2} \tag{12-3}$$

在实际情况中，$d \ll D$，这时如果 x 和 y 也比 D 小得多（即在 z 轴附近观察），则有 $r_1 + r_2 \approx 2D$。在此近似条件下上式变为

$$\Delta L = \frac{xd}{D} \tag{12-4}$$

再由光程差判断光强大小，当 $\Delta L = k\lambda\ (k=0,\ \pm1,\ \pm2,\ \cdots)$ 时，P 为光强极大处；当 $\Delta L = (2k+1)\frac{\lambda}{2}\ (k=0,\ \pm1,\ \pm2,\ \cdots)$ 时，P 为光强极小处。

各级干涉极大，即明条纹的位置为

$$x = \frac{kD\lambda}{d} \quad (k=0,\ \pm1,\ \pm2,\ \cdots) \tag{12-5}$$

各级干涉极小，即暗条纹的位置为

$$x = \frac{(2k+1)D\lambda}{2d} \quad (k=0,\ \pm1,\ \pm2,\ \cdots) \tag{12-6}$$

相邻两极大或两极小值之间的间距为干涉条纹间距，用 Δx 来表示，它反映了条纹的疏密程度。由式（12-5）可知，两相邻亮条纹的间距为 $\Delta x = \frac{D}{d}\lambda$，激光波长可以表示为

$$\lambda = \frac{\Delta x d}{D} \tag{12-7}$$

根据式（12-7），通过实验测得 D、d 以及 Δx，即可算出激光波长 λ。

2. 菲涅尔双面反射镜干涉

图 12-2 为菲涅尔双面反射镜干涉示意图。双面镜装置是由两块平面反射镜 M_1 和 M_2 组成，两者之间有很小的夹角 ϕ。从同一光源 S 发出的光一部分在 M_1 上反射，另一部分在 M_2 上反射，所得到的两反射光是从同一入射波前分出来的，所以是相干的，在它们的重叠区将产生干涉。对于观察者来说，两束相干光似乎是由两个虚光源 S_1 和 S_2 发出的，其中 S_1 和 S_2 是光源 S 在两反射镜中的虚像，由简单的几何原理可证明，由光源发出的经两反射镜反射的两束相干光在屏幕上的干涉效果与将 S_1、S_2 视为两相干光源发出两列相干光波产生的干涉效果相同。由于两个虚光源发出的光到达光屏上不同位置的光程差不同，因此在光屏上可以观察到明暗相间的干涉条纹。

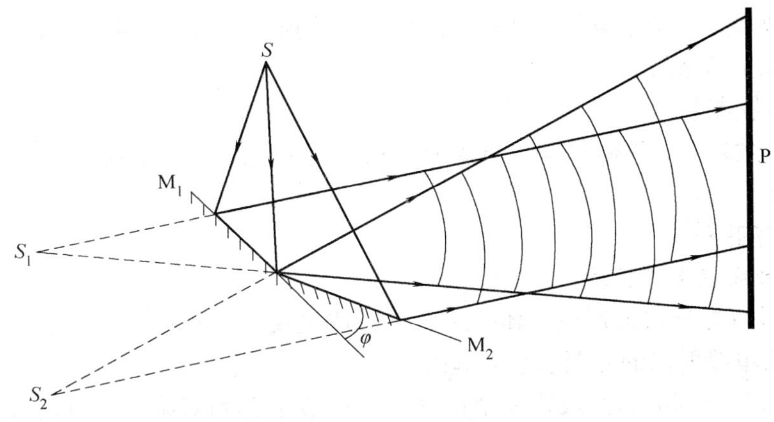

图 12-2　菲涅尔双面镜

3. 劳埃德镜干涉

劳埃德镜是由一块普通平板玻璃构成的反射镜。缝光源 S 与反射镜面平行。来自缝光源的光向反射镜掠入射（入射角接近 90°），反射光与直接从 S 射来的光将在光屏上重叠（见图 12-3）。由于两束光是从同一个波面分出的，所以是相干的，因此在屏上会形成干涉条纹。从观察者看来，两束相干光分别来自 S 和 S'，S'是光源 S 在反射镜中的虚像。

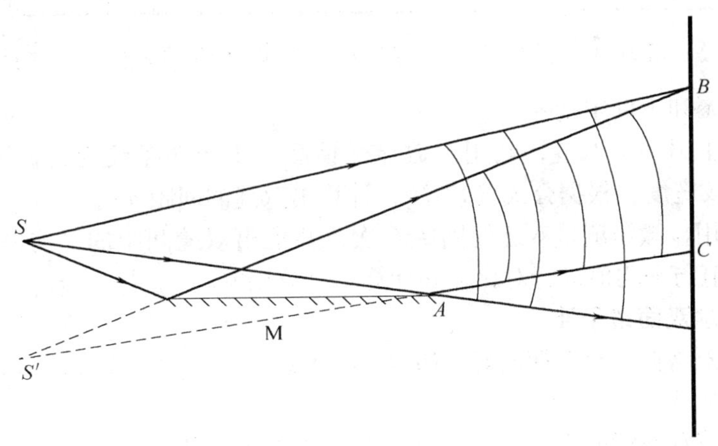

图 12-3　劳埃德镜

从图 12-3 中看出，两相干光波在屏幕上的重叠区是在 B 和 C 之间。我们可以在光屏上观察到明暗相间的条纹。需要注意的是，C 处并不是亮条纹而是暗条纹（干涉极小），这说明两相干光在 A 处的光振动具有相反的相位，这是因为光在掠入射条件下，在镜面上反射时要产生数值为 π 的相位突变，这种相位突变相当于光波少走或多走了半个波长的光程，故称为半波损失。这样，光屏上本来是亮条纹的地方变成了暗条纹。

【实验仪器】

He-Ne 激光器、测微目镜、凸透镜、双缝、单缝、菲涅尔双面镜、劳埃德镜、读数显微镜、白屏。

【实验内容】

1. 杨氏双缝干涉实验

（1）进行光学共轴调节。He-Ne 激光经透镜聚焦于单缝上。使单缝和双缝平行，而且由单缝射出的光照射在双缝的中间。

（2）首先在双缝后面放置一个白屏，并调节单缝和双缝的平行度（调节单缝即可），使白屏上干涉条纹最清晰。在白屏位置放上读数显微镜，使相干光束处在目镜视场中心。测量出双缝到读数显微镜的距离 D。

（3）读出 6 个明条纹的初位置和末位置，并计算出明条纹的宽度 Δx，填入表 12-1。

表 12-1

明条纹	1	2	3	4	5	6
初位置/mm						
末位置/mm						
条纹宽度 Δx/mm						

（4）将 Δx 和 D 代入到公式（12-7）中，计算相应的波长 λ，并计算出激光波长的平均值 $\bar{\lambda}$ 和不确定度 u_λ。

（5）换上另一个双缝，利用读数显微镜测出 1 个明条纹的初位置和末位置。计算出明条纹宽度，根据公式（12-7），计算出双缝的间距 d。

（6）利用显微镜测量双缝的间距 6 次，并求出双缝间距的平均值。根据双缝间距的计算值与平均值进行对比，并计算出百分误差。

2. 菲涅尔双面镜干涉

（1）将光路在平台上摆放好，He-Ne 激光器作为光源。靠拢后目测调至共轴，然后放入双面镜。

（2）调节双面镜的方向，使其与入射光的夹角大约为半度。使激光束同时照射到双面镜上。

（3）观察双平面反射镜产生的干涉图样。

3. 劳埃德镜干涉

（1）将光路在平台上摆放好，He-Ne 激光作为光源，靠拢后调至共轴。

（2）He-Ne 激光经透镜聚焦于单缝上，将大致处于铅直方位的劳埃德镜由狭缝一侧逐渐推向狭缝，使入射光处于掠入射状态，将劳埃德镜固定住。

（3）找到劳埃德镜反射的光，把白屏放在该光路上，观察劳埃德镜干涉图样。

【注意事项】

1. 实验过程中手不要触摸光学镜面，以免弄脏镜面。

2. 实验中眼睛不要直接观察激光。

【思考题】

1. 如果将杨氏双缝干涉中的一个狭缝后面放置一个玻璃片，那么光屏上的干涉条纹会发生什么变化？

2. 假如将杨氏双缝干涉实验装置放入水中，光屏上的条纹如何变化？

（二）光的衍射实验

光的衍射是光的波动性的基本特征之一，在光谱分析、晶体分析、全息技术、光信息处理等精密测量和近代光学技术中，衍射已成为一种有力的研究手段和方法。光在传播过程中遇到尺寸接近于光波长的障碍物时，发生偏离直线路径的现象，称为光的衍射。光的衍射现象通常分为两类，一类是菲涅尔衍射，一类是夫琅禾费衍射。夫琅禾费衍射指障碍物与光源和衍射图样的距离均为无限远的情况，亦即入射光和衍射光都是平行光束，也称平行光束的衍射。

【实验目的】

1. 掌握夫琅禾费衍射原理。

2. 学会搭建光学共轴光路，学习测量衍射条纹宽度。

3. 利用单缝衍射公式计算光源波长。

【实验原理】

单缝夫琅禾费衍射如图 12-4 所示。光束垂直射到宽为 b 的狭缝 AB 上。根据惠更斯-菲涅尔原理，狭缝上各点可以看成是新的波源，由这些点向各方发出球面次波，这些次波在透镜的后焦面上叠加形成一组明暗相间的条纹。按惠更斯-菲涅尔原理，设狭缝 AB 的宽度为 b，入射光波长为 λ，O 点是单缝的中点，OP_0 是 AB 面的法线方向。AB 波阵面上大量子波发出的平行于该方向的光线经透镜 L 会聚于 P_0 点，这部分光波因相位相同而得到加强。就 AB 波阵面均分为 AO、BO 两个波阵面而言，若从每个波带上对应的子波源发出的子波光线到达 P_0 点时光程差为 $\lambda/2$，此处的光波因干涉相消成为暗点，屏幕上出现暗条纹。如此讨论，随着 θ 角的增大，单缝波面被分为更多个偶数波带时，屏幕上会有另外一些暗条纹出现。若波带数为奇数，则有一些次级子波在屏上别的一些位置相干出现亮条纹。如波带为非整数，则有明暗之间的干涉结果。总之，当衍射光满足

$$\overline{BC} = b\sin\theta = k\lambda \qquad (k = \pm 1,\ \pm 2,\ \cdots) \tag{12-8}$$

时产生暗条纹；当满足

$$\overline{BC} = b\sin\theta = (2k+1)\lambda/2 \qquad (k = 0,\ \pm 1,\ \pm 2,\ \cdots) \tag{12-9}$$

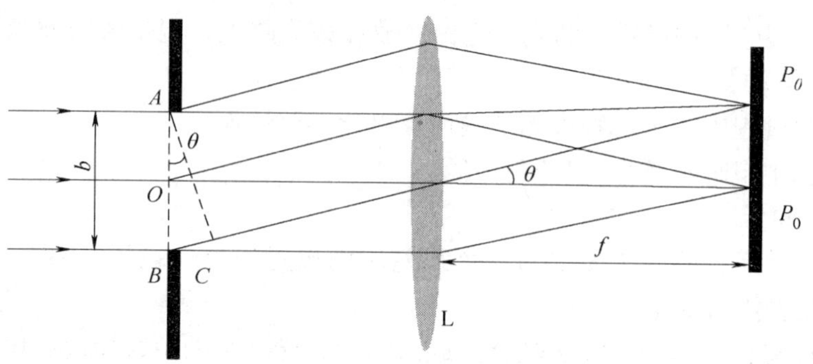

图 12-4 夫琅费单缝衍射

时产生明条纹。

任一点 P_θ 处的光强可以表示为

$$I_\theta = I_0 \frac{\sin^2\left(\dfrac{\pi b\sin\theta}{\lambda}\right)}{\left(\dfrac{\pi b\sin\theta}{\lambda}\right)^2} \tag{12-10}$$

式中，b 为狭缝宽度；λ 为入射光波长；θ 为衍射角；I_0 称为主极强，它对应于 P_θ 处的光强。

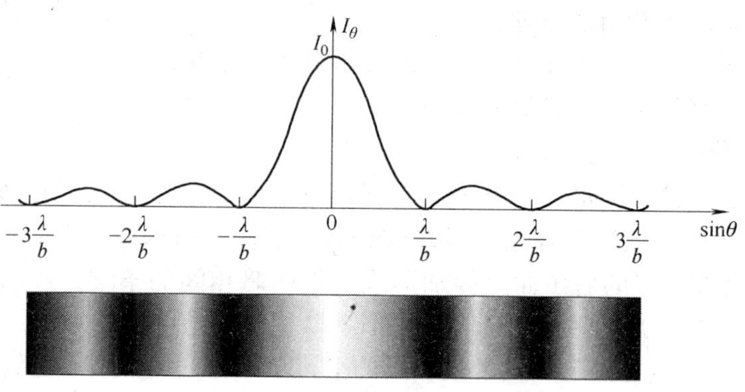

图 12-5 单缝衍射光强分布图

根据公式（12-10），可以做出光强分布曲线如图 12-5 所示。从曲线上可以看出，当 $\theta=0$ 时，光强有最大值 I_0，称为主极大，大部分能量落在主极大上。当

$$\sin\theta = k\lambda/b\,(k=\pm1,\pm2,\pm3,\cdots) \tag{12-11}$$

时光强 $I_\theta=0$，出现暗条纹，因 θ 角很小，可以近似认为暗条纹在 $\theta=k\lambda/b$ 的位置上。两侧暗纹之间的角距离为

$$\Delta\theta = 2\lambda/b \tag{12-12}$$

而其他相邻暗纹之间的角距离均相等，相邻暗纹的角距离可以表示为

$$\Delta\theta' = \lambda / b \tag{12-13}$$

根据图 12-4 中的几何关系，可以很容易求出条纹的宽度。如果衍射角很小，$\sin\theta \approx \theta$，于是条纹距屏中心的距离 x 可以表示为

$$x = \theta f \tag{12-14}$$

第一级暗纹距屏中心的距离为

$$x_1 = \theta f = \lambda f / b \tag{12-15}$$

中央明条纹的宽度为 ±1 级暗纹的间距，可以表示为

$$x_0 = \Delta\theta' f = 2\frac{\lambda}{b}f \tag{12-16}$$

其他明条纹的宽度为中心明条纹宽度的一半，为

$$x' = \lambda f / b \tag{12-17}$$

因此，根据公式（12-17），通过实验测量明条纹的宽度，已知透镜的焦距和单缝的宽度，可以计算光源波长。

【实验仪器】

He-Ne 激光器、凸透镜、单缝、读数显微镜、底座、调整架。

【实验内容】

1. 打开氦氖激光器的开关，将单缝固定在调整架上。让 He-Ne 激光垂直入射到单缝上，并在单缝后面放置一个凸透镜，使光通过透镜中心。

2. 调节狭缝的位置直到白屏上能够观察到可见度较好的衍射条纹。

3. 根据桌边的刻度尺读出单缝到读数显微镜的距离 d。

4. 取下白屏，将读数显微镜放在白屏的位置。利用读数显微镜测量 ±1，±2，±3 级次明条纹的初位置和末位置，填入表 12-2。

表　12-2

明条纹	−3	−2	−1	1	2	3
初位置/mm						
末位置/mm						
宽度 Δx/mm						
平均宽度$\overline{\Delta x}$/mm						

5. 换上不同宽度的单缝，观察衍射图样的变化情况。

【数据处理】

1. 计算出各级次明条纹的宽度 Δx，并求出平均值$\overline{\Delta x}$。

2. 根据公式（12-17），计算出光源波长的平均值 $\overline{\lambda}$ 和不确定度 u_λ。

【注意事项】

1. 实验过程中手不要触摸光学镜面，以免弄脏镜面。

2. 小心摔坏透镜和单缝。

3. 实验中眼睛不要直接观察激光。

【思考题】

1. 当缝宽增加一倍时，衍射花样的光强和条纹宽度将会怎样改变?

2. 激光输出的光强如有变动，对单缝衍射图像和光强分布曲线有无影响? 有何影响?

3. 本实验中的方法是否可测量细丝直径? 如何测量?

（三）偏振光实验

振动方向对于传播方向的不对称性叫作偏振，它是横波区别于其他纵波的一个最明显的标志，只有横波才有偏振现象。光波是电磁波，因此，光波的传播方向就是电磁波的传播方向。光波中的电振动矢量与传播速度垂直，因此光波是横波，它具有偏振性。具有偏振性的光则称为偏振光。

【实验目的】

1. 观察光的偏振现象，学会产生和检验各种偏振光。

2. 理解 1/4 波片、半波片的原理和作用。

【实验原理】

1. 偏振光的基本概念

光是电磁波，它的电矢量 $\boldsymbol{E}$ 和磁矢量 $\boldsymbol{H}$ 相互垂直，且均垂直于光的传播方向 c，通常用电矢量 $\boldsymbol{E}$ 代表光的振动方向，并将电矢量 $\boldsymbol{E}$ 和光的传播方向 c 所构成的平面称为光振动面。在传播过程中，电矢量的振动方向始终在某一确定方向的光称为平面偏振光或线偏振光，如图 12-6a 所示。普通光源发射的光是由大量原子或分子辐射构成的。由于辐射的随机性，它们所发射的光的振动面，出现在各个方向的概率是相同的。故这种光源发射的光不显现偏振的性质，称为自然光，如图 12-6b 所示。在发光过程中，有些光的振动面在某个特定方向上出现的概率大于其他方向，这种光称为部分偏振光，如图 12-6c 所示。还有一些光，其振动面的取向和电

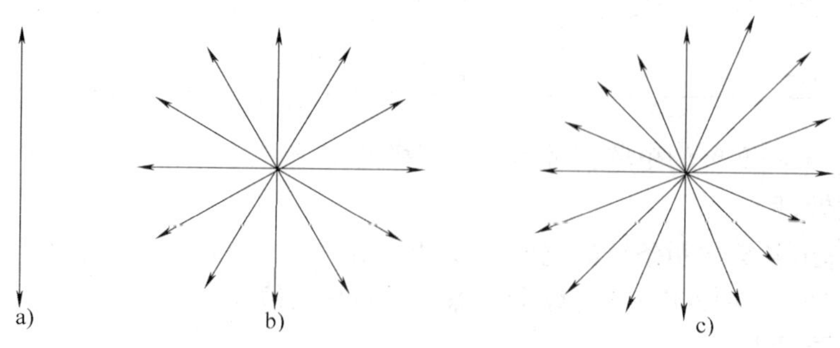

图 12-6 偏振光与自然光

矢量的大小随时间作有规律的变化，而电矢量末端在垂直于传播方向的平面上的轨迹呈椭圆形或圆形。这种光称为椭圆偏振光或圆偏振光。

2. 获得偏振光的常用方法

将非偏振光变成偏振光的过程称为起偏，起偏的装置称为起偏器。下面介绍获得偏振光的主要方法。

（1）反射起偏器（或透射起偏器）

当自然光在两种介质的界面上反射和折射时，反射光和折射光都将成为部分偏振光。当入射角达到某一特定值 φ_b 时，反射光成为完全偏振光，其振动面垂直于入射面（见图 12-7），而角 φ_b 就是布儒斯特角，也称为起偏振角，由布儒斯特定律得

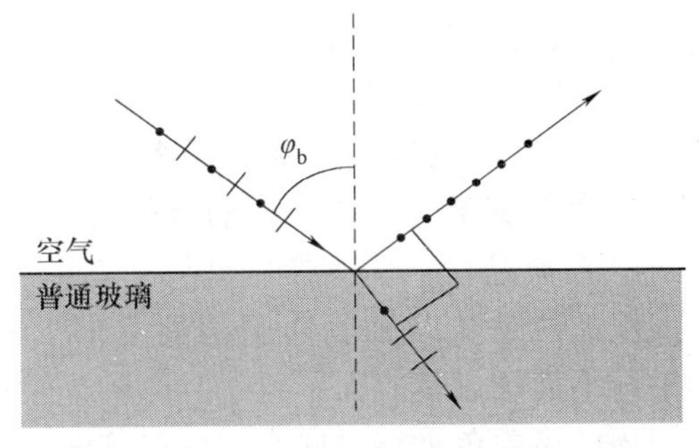

图 12-7　完全偏振

$$\tan\varphi_b = n_2/n_1 \qquad (12\text{-}18)$$

例如，当光由空气射向 $n = 1.54$ 的玻璃板时，$\varphi_b = 57°$。若入射光以起偏振角 φ_b 射到多层平行玻璃片上，经过多次反射最后透射出来的光也就接近于线偏振光，其振动面平行于入射面。由多层玻璃片组成的这种透射起偏器又称为玻璃片堆（图 12-8）。

（2）晶体起偏器

可以利用某些晶体的双折射现象来获得线偏振光，如尼科尔棱镜等。

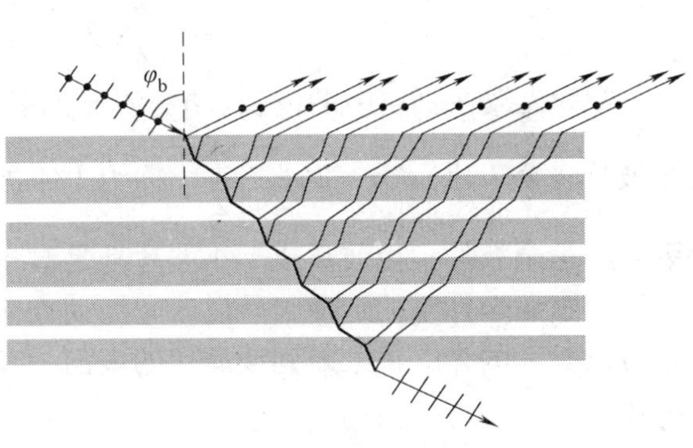

图 12-8　玻璃片堆

（3）偏振片

聚乙烯醇胶膜内部含有刷状结构的链状分子。在胶膜被拉伸时，这些链状分子被拉直并平行排列在拉伸方向上，拉伸过的胶膜只允许振动取向平行于分子排列方向（此方向称为偏振片的偏振轴）的光通过，利用它可获得线偏振光，其示意图参看图 12-9。偏振片是一种常用的“起偏”元件，用它可获得截面积较大的偏振光束。

3. 偏振光的检测

鉴别光的偏振状态的过程称为检偏，它所用的装置称为检偏器。实际上，起偏器和检偏器是通用的。

按照马吕斯定律，强度为 I_0 的线偏振光通过检偏器后，透射光的强度为 $I =$

$I_0\cos^2\theta$。其中 θ 为入射光偏振方向与检偏器偏振轴之间的夹角。显然，当以光线传播方向为轴转动检偏器时，透射光强度 I 将发生周期性变化。当 $\theta=0°$ 时，透射光强度最大；当 $\theta=90°$ 时，透射光强度最小（消光状态）；当 $0°<\theta<90°$ 时，透射光强度介于最大值和最小值之间。因此，根据透射光强度变化的情况，可以区别光的不同偏振状态。

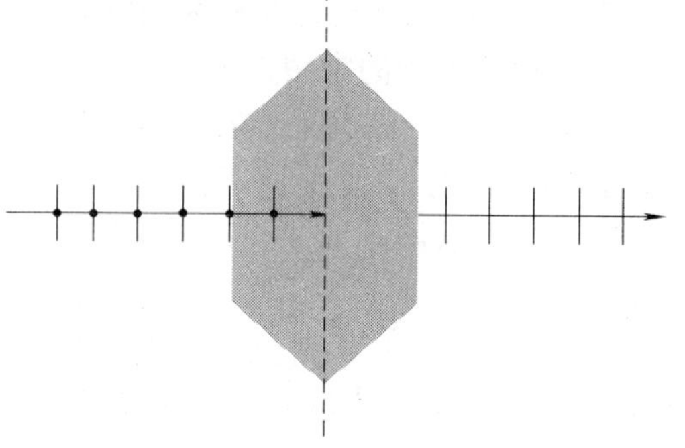

图 12-9 偏振片

4. 偏振光通过波晶片时的情形

（1）波晶片

波晶片是从单轴晶体中切割下来的平行平面板，其表面平行于晶体的光轴。

当一束单色平行自然光正入射到波晶片上时，光在晶体内部便分解为 o 光与 e 光。o 光电矢量垂直于光轴，e 光电矢量平行于光轴。而 o 光和 e 光的传播方向不变，仍都与表面垂直。但 o 光在晶体内的速度为 v_o，e 光的为 v_e，即相应的折射率 n_o、n_e 不同。

设晶片的厚度为 l，则两束光通过晶体后就有位相差 σ，即

$$\sigma=\frac{\pi}{\lambda}(n_o-n_e)l \tag{12-19}$$

式中，λ 为光波在真空中的波长。$\sigma=2k\pi$ 的晶片，称为全波片；$\sigma=2k\pi+\pi$，称为半波片（$\lambda/2$ 片）；$\sigma=2k\pi\pm\frac{\pi}{2}$，称为 1/4 波片（$\lambda/4$ 片）。上面的 k 都是任意整数。不论全波片、半波片或 1/4 波片都是对一定波长而言的。

以下直角坐标系的选择，是以 e 光振动方向为横轴，o 光振动方向为纵轴。沿任意方向振动的光，正入射到波晶片的表面，其振动便按此坐标系分解为 e 分量和 o 分量。

（2）光束通过波片后偏振态的改变

平行光垂直入射到波片后，分解为 e 分量和 o 分量，透过波片，二者间产生一附加位相差 σ。离开晶片时合成光波的偏振性质，取决于 σ 及入射光的性质。

1）偏振态不变的情形

（i）自然光通过波片，仍为自然光。因为自然光的两个正交分量之间的相位差是无关的，通过波片，引入一恒定的相位差 σ，其结果还是无关的。

（ii）若入射光为线偏振光，其电矢量 $\boldsymbol{E}$ 平行于 e 轴（或 o 轴），则任何波片对它都不起作用，出射光仍为原来的线偏振光。因为这时只有一个分量，谈不上振动的合成与偏振态的改变。

除上述两种情形外，偏振光通过波片，一般其偏振情况是要改变的。

2）$\lambda/2$ 片与偏振光

（i）若入射光为线偏振光，在 $\lambda/2$ 片的前面（入射处）分解为

$$E_e = A_e \cos\omega t \tag{12-20}$$

$$E_o = A_o \cos(\omega t + \varepsilon),\varepsilon = 0 \text{ 或 } \pi \tag{12-21}$$

出射光表示为

$$E_e = A_e \cos\left(\omega t - \frac{2\pi}{\lambda} n_e l\right) \tag{12-22}$$

$$E_o = A_o \cos\left(\omega t + \varepsilon - \frac{2\pi}{\lambda} n_o l\right) \tag{12-23}$$

讨论两波的相对位相差，上式可写为

$$E_e = A_e \cos\omega t \tag{12-24}$$

$$E_o = A_o \cos\left(\omega t + \varepsilon - \frac{2\pi}{\lambda} n_o l + \frac{2\pi}{\lambda} n_e l\right) = A_o \cos(\omega t + \varepsilon - \sigma),\sigma = \pi \tag{12-25}$$

故出射光两正交分量的相对相位差为

$$\varepsilon - \sigma = 0 - \pi = -\pi \quad \text{和} \quad \varepsilon - \sigma = \pi - \pi = 0$$

这说明出射光也是线偏振光，但振动方向与入射光的不同。如入射光与晶片光轴成 θ 角，则出射光与光轴成 $-\theta$ 角，即线偏振光经 $\lambda/2$ 片电矢量振动方向转过了 2θ 角。

（ii）若入射光为椭圆偏振光，做类似的分析可知，半波片既改变椭圆偏振光长（短）轴的取向，也改变椭圆偏振光（圆偏振光）的旋转方向。

3）$\lambda/4$ 片与偏振光

（i）入射光为线偏振光

$$E_e = A_e \cos\omega t \tag{12-26}$$

$$E_o = A_o \cos(\omega t + \varepsilon),\varepsilon = 0 \text{ 或 } \pi \tag{12-27}$$

则出射光为

$$E_e = A_e \cos\omega t \tag{12-28}$$

$$E_o = A_o \cos(\omega t + \varepsilon - \sigma),\sigma = \pm\frac{\pi}{2} \tag{12-29}$$

则出射光为

$$E_e = A\cos\omega t \tag{12-30}$$

$$E_o = A\cos(\omega t + \varepsilon - \sigma), \sigma = \pm \frac{\pi}{2} \tag{12-31}$$

式（12-30）和式（12-31）代表一正椭圆偏振光。$\varepsilon - \sigma = +\frac{\pi}{2}$对应于右旋，$\varepsilon - \sigma = -\frac{\pi}{2}$对应于左旋。当$A_e = A_o$时，出射光为圆偏振光。

（ii）入射光为圆偏振光

$$E_e = A\cos\omega t \tag{12-32}$$

$$E_o = A\cos(\omega t + \varepsilon), \varepsilon = \pm \frac{\pi}{2} \tag{12-33}$$

式（12-32）和式（12-33）代表线偏振光。$\varepsilon - \sigma = 0$，出射光电矢量$\overline{E_{出}}$沿一、三象限；$\varepsilon - \sigma = \pi$，$\overline{E_{出}}$沿二、四象限。

（iii）入射光为椭圆偏振光

$$E_e = A_e\cos\omega t \tag{12-34}$$

$$E_o = A\cos(\omega t + \varepsilon), \varepsilon \text{在} -\pi \text{到} +\pi \text{任意取某值} \tag{12-35}$$

出射光为

$$E_e = A_e\cos\omega t \tag{12-36}$$

$$E_o = A_o\cos(\omega t + \varepsilon - \sigma), \sigma = \pm \frac{\pi}{2} \tag{12-37}$$

可见，出射光一般为椭圆偏振光。

【实验内容】

1. 定偏振片光轴：把所有器件按顺序摆放在平台上，调至共轴。旋转第二个偏振片，使起偏器的偏振轴与检偏器的偏振轴相互垂直，这时可看到消光现象。

2. 考察平面偏振光通过λ/2片时的现象。

（1）在两块偏振片之间插入λ/2片，转动x轴旋转架使得λ/2片转动360°，可以看到两次消光现象。

（2）将λ/2片转任意角度，这时消光现象被破坏。把检偏器转动360°，可以观察到两次消光、两次光强最大现象。由此说明通过λ/2片后，光变为椭圆偏振光。

（3）仍使起偏器和检偏器处于正交（即处于消光现象），插入λ/2片，使消光，再转15°，破坏其消光。转动检偏器至消光位置，这时检偏器转动了30°。

（4）继续将λ/2片转15°（即总转动角为30°），记录检偏器达到消光所转总角度。依次使λ/2片总转角为45°，60°，75°，90°，记录检偏器消光时所转总角度。结果填入表12-3。

表　12-3

半波片转动角度	检偏器转动角度
15°	
30°	
45°	
60°	
75°	
90°	

从上面的实验，我们可以看到，检偏器转动角度的改变量是半波片转动角度的2倍。这就说明半波片转动1°，那么相应的激光的偏振方向改变2°。

3. 用波片产生圆偏振光和椭圆偏振光。

（1）使起偏器和检偏器正交，用$\lambda/4$。片代替$\lambda/2$片，转动$\lambda/4$片使消光。

（2）再将$\lambda/4$片转动15°，然后将检偏器转动360°，观察到激光光强两次变强，两次变弱。这说明线偏振光经过$\lambda/4$片后，偏振变为椭圆偏振光。

（3）依次将转动总角度设为30°，45°，60°，75°，90°，每次将检偏器转动，记录所观察到的现象。将结果填入表12-4。

表　12-4

$\lambda/4$片转动的角度	检偏器转动360°观察到的现象	光的偏振性质
15°		
30°		
45°		
60°		
75°		
90°		

【注意事项】

1. 各光学元件请勿用手或纸巾擦拭。
2. 小心摔坏光学元件。

【思考题】

1. 两片正交偏振片中间再插入一偏振片会有什么现象？怎样解释？
2. 光的偏振现象揭示了光波的什么性质？列举几个偏振光的应用。

第三章　第二层次实验

实验十三　运动及动力学系列实验

Pasco 系统是 Pasco Scientific 公司（美国）开发的一套基于计算机的科学实验系统。它的主要优点是实验数据的采集和处理都是由计算机来完成的，这使得实验者进行实验时，在保证实验数据准确的前提下，可以很方便地获取实验数据，并可以以图表、表格等良好形式将实验数据输出。

本系列实验使用 Pasco 实验器材设计实验验证牛顿第二定律、动量守恒定律、胡克定律等基本物理学定律。

【实验目的】

1. 验证一维系统下的牛顿第二定律，在轨道上对一个摩擦因数很小的小车施加外力。通过测量这个力和该力引起的加速度，验证定律。

2. 验证胡克定律，并通过弹簧的弹性势能与运动小车动能的数值比较，验证功能转化关系。

3. 研究两个小车发生弹性碰撞之前和之后的动量关系。

（一）牛顿第二定律

【实验原理】

牛顿第二定律的表达式为

$$\sum \boldsymbol{F} = m\boldsymbol{a} \tag{13-1}$$

合外力 $\boldsymbol{F}$ 作用于质量为 m 的物体上产生加速度 $\boldsymbol{a}$。等式中合外力 $\boldsymbol{F}$ 和加速度 $\boldsymbol{a}$ 为矢量。由于限定在一维条件下进行实验，方向向量可以取消，即

$$F = ma \tag{13-2}$$

进行该实验时：力 F 通过力传感器测量；加速度为速度的一阶数，可以通过测量速度-时间曲线，并求斜率得到；质量 m 为系统的总质量。

【实验仪器】

Pasco 动力学小车系统、运动传感器、力传感器、PASCO 数据接口、计算机。

【实验内容】

1. 仪器的调节

(1) 在轨道上固定滑轮及止挡装置，通过水平气泡确定轨道是否水平，由于

轨道较长，选择三个不同的点调节水平。

（2）固定力传感器于小车上，确定运动传感器的位置，通过绳子连接力传感器与砝码，连接传感器到850数据接口。此步骤注意力传感应提前清零，运动传感器选择为“cart”功能，即近距离测量。

（3）取20 g小砝码5个，取黑色质量块2块，将黑色质量块放置在小车的槽内，此时将力传感器、装配的质量块，以及小车看作受力对象，将小砝码固定于绳子的另一端，通过依次增加砝码（挂重），对受力对象施加不同的力，砝码的重量从20 g逐个增加至100 g，对应实验的次数为5次，如图13-1所示。

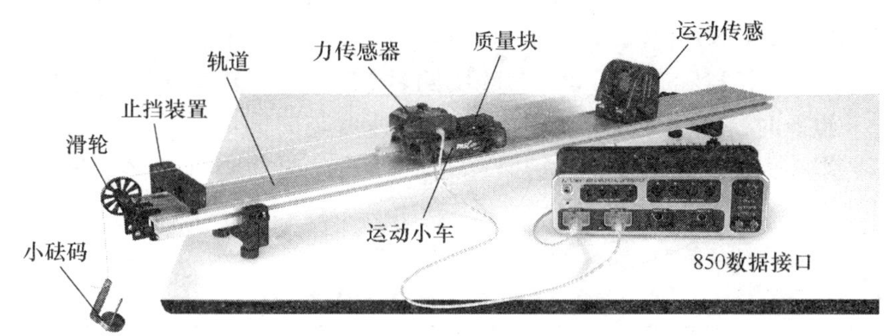

图13-1　实验装置示意图

（4）减少小车上的黑色质量块（可放置1块或不放置），重复实验步骤3。

（5）步骤（3）、（4）通过Capstone软件采集数据，此时将运动传感器的采样频率设置为100 Hz，选择软件右侧的图表功能，点击记录按钮，选择合适时机释放小车，小车撞倒止挡装置后结束记录，实验次数较多，可以编辑每次记录的名称，以方便查阅数据。

（6）分别查阅速度-时间曲线、力-时间曲线，为保证一致性，应确保时间为同一段，可通过记录其中一条曲线的时间，以此对应确定另一条的有效区间。

（7）在软件中查阅速度-时间曲线，进行直线拟合，其斜率即为加速度，对力-时间曲线在同一时间段取平均值，即为所受到的外力。

（8）将小车和力传感器作为整体称重，黑色质量块称重。

（9）做出两条曲线，计算斜率，并与（8）中测量得到的质量大小进行比较，计算百分比。

2. 软件的操作使用

（1）打开速度曲线图形，在图形上方的工具栏，点击黑色三角图标需要处理的曲线。

（2）点击选择工具（图工具栏）并拖动选择框来选择运行的数据，数据要求是干净的初始加速部分（无毛刺）并且是线性的。记下所选择的时间范围。

（3）点击曲线拟合的黑色三角框，选择线性进行线性拟合。

（4）通过拟合曲线记录斜率，即为加速度值。精度保留两位小数，小数位的设置可通过曲线拟合的属性设置。

（5）在工具栏中选择显示统计结果，在下拉选项中选择平均值。同时改变其精度为 3 位。[改变精度，点击打开数据摘要（左屏幕），点击力，在出现的齿轮图标点击，并选择 3 位固定的小数。因为是拉力传感器，故忽略负号]。尽管曲线毛刺很多，但其平均值表示其力的大小仍具有相应的精度。记录力的大小。

3. 数据的记录与分析

分别在小车空载和加上 2 个质量块两种情况下，在小车拉力分别为 20 g，40 g,…，100 g 时，利用运动传感器获得小车速度与时间的关系，通过 Pasco 软件求 v-t 曲线斜率，获得加速度，并记录在表 13-1 中，做拉力（F）-加速度（a）关系曲线并求斜率，获得小车质量实验值。利用电子秤测量小车和质量块的质量，计算两种情况的百分误差。

表 13-1 实验数据记录表

质量块（个数）	砝码 20 g		砝码 40 g		砝码 60 g		砝码 80 g		砝码 100 g	
	F_1/N	a_1/(m/s^2)	F_2/N	a_2/(m/s^2)	F_3/N	a_3/(m/s^2)	F_4/N	a_4/(m/s^2)	F_5/N	a_5/(m/s^2)
2										
0										

【注意事项】

1. 注意小车的止挡装置，必要时可用手提前控制，避免直接撞击。
2. 运动传感器为超声反射式传感器，避免测量过程中间有其他障碍物。

【思考题】

1. 上述曲线是否满足牛顿第二定律？解释其中的不确定性。
2. 你的曲线是否与零点相交，解释其原因。
3. 请思考增大轨道倾角对实验带来的影响。

（二）胡 克 定 律

【实验原理】

胡克定律指出，在相同的张力情况下，两个弹簧储能相同。本实验通过力传感器来测量所施加的力，通过运动传感器来观测弹簧的拉伸与压缩，以此来计算弹簧的劲度系数。选用劲度系数确定的弹簧，通过能量转化关系，选择不同的位置释放小车，测量小车最终的动能，从而得到弹簧初始储能（即弹性势能）并与计算值比较。

当力作用于弹簧时，弹簧被拉伸或压缩的程度与所受的力呈线性关系，这种关系用方程表示就是胡克定律，即

$$F = -k\Delta x \tag{13-3}$$

式中，F 表示力；Δx 表示形变量；k 为弹簧的劲度系数。符号在弹簧被拉伸时为负，这也正是有外力拉升力传感器时，力传感器记录的数据为负的原因。

将弹簧系在小车上，测量小车的位置 X_1 和初始位置 X_0，即可间接测量 Δx，式（13-3）就被改写成如下形式：

$$F = +k(X_1 - X_0) = kX_1 - kX_0 \tag{13-4}$$

令

$$b = kX_0 \tag{13-5}$$

因为此时力传感器受到的是拉力，符号为负，因此式（13-4）右边的符号相应地改为正号，系数 k 和 b 分别为直线的斜率和截距，据此可通过力与位置数据，进行拟合得到劲度系数 k 和斜率 b，根据 b 值可计算出初始位置。

弹簧存储的弹性势能由下式给出：

$$U_{弹簧} = \frac{1}{2}k\Delta x^2 \tag{13-6}$$

选取劲度系数 k 已知的弹簧，将小车从拉伸的位置（图 13-2）释放，弹性势能转化为小车的动能。由能量转化关系知，当到达初始位置（图 13-3）时，弹簧的弹性势能全部转化成小车的动能，动能由下式给出：

$$K = U_{弹簧} = \frac{1}{2}k\Delta x^2 = \frac{1}{2}mv^2 = \frac{1}{2}k\ (X_1 - X_0)^2 \tag{13-7}$$

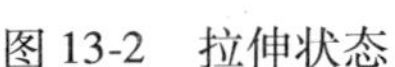

图 13-2　拉伸状态

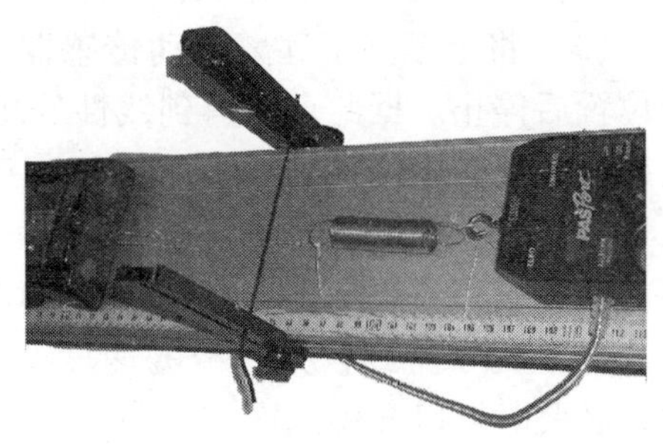

图 13-3　初始状态

k 与 X_0 由验证胡克定律时给出，选出 3 个不同位置释放小车，不同的位置对应不同的势能，通过测量经过 X_0 时的速度及小车的质量，即可计算出动能。可根据式（13-7）验证能量守恒定律。

【实验仪器】

Pasco 动力学小车系统、运动传感器、力传感器、PASCO 数据接口、弹簧组、计算机。

【实验内容】

1. 仪器操作

（1）调整轨道位置水平，可通过水平仪调节气泡至中间。力传感器接上挂钩，如图 13-2 中连接。

（2）注意轨道上要放置保护装置，将运动传感器置于轨道的另一端。

（3）通过 USB-Linker 连接传感器至电脑。

（4）选择弹簧进行实验。先拉伸弹簧，使小车与运动传感器的间距为 15 cm，记为位置 X_1。保持数秒后释放，记录力对位置的变化。注意设置保险装置，不要让小车撞倒传感器，设置软件中实验记录的名称为弹簧 1（位置 X_1）。

（5）依次设置弹簧末端小车与运动传感器的间距为 30 cm，45 cm，记录为位置 X_2，X_3。保持数秒后释放，记录力对位置的变化，设置软件中实验记录的名称为弹簧 1（位置 X_2，X_3）。

（6）另选一根弹簧重复步骤 4 ~5，记录相应的数据，并将实验记录的名称记为弹簧 2（位置 X_1，X_2，X_3）。

（7）可通过 zero 按钮对力传感器置零。

2. 软件操作（采样频率设置在 100 Hz）

（1）在弹簧未拉伸且绳子放松状态测量初始位置 X_0，此时手应远离传感器，以免测到手的位置。

（2）点击开始进行记录。

（3）将小车置于远离运动传感器 15 cm 左右的 X_1 处，然后慢慢往回，直至初始位置后停止。据此可以得到线性的胡克定律的图像（$F-x$）。据此算出弹簧的劲度系数 k 及初始位置 X_0，将实验运行记录为“弹簧 1”。

（4）再次将小车拉至距运动传感器 15 cm 的位置 X_1 处，点击开始，保持小车不动几秒，释放小车，当小车撞倒保险杆时停止记录。

（5）为了得到较为光滑的速度-时间曲线（$V-t$），需要注意运动传感器的角度，必要时可以多做几次。

（6）重命名此次运行为“弹簧 1（位置 X_1）”。

（7）重复 4 ~6 的操作，依次使弹簧拉伸至距运动传感器 30 cm，45 cm 处，即位置 X_2，X_3处。记录相应运行为“弹簧 1（位置 X_2）”“弹簧 1（位置 X_3）”。

（8）选择另一根较硬的弹簧进行实验，重复 1 ~3，记录为“弹簧 2”。

3. 数据分析处理

（1）分析劲度系数

1）点击三角形图标选择运行“弹簧1”，调整至合适大小，通过高亮显示删除数据，保留线性部分。

2）进行线性拟合，由前述式（13-4）、式（13-5）知，$F-x$ 曲线的斜率即为劲度系数 k。

3）需要精确知道弹簧何时、何处首次处于既不拉伸、也不压缩的状态，此时 $F=0$，通过坐标工具确定 X_0，拟合后通过计算得到的初始位置记为 X_0'。

4）关闭坐标工具和线性拟合，通过高亮功能保留曲线。

5）选择运行“弹簧1（位置 X_1）”，调整至合适大小，通过坐标工具找到想要的位置 X_1 的坐标，因为之前保持了几秒钟的静止时间，该点显著区别于其他点。依次找到 X_2 和 X_3（均通过坐标工具）。

表 13-2　弹簧劲度系数

弹簧	初始位置 X_0/m	位置 X_1/m	位置 X_2/m	位置 X_3/m
1				
2				

（2）分析能量

1）选择运行“弹簧1（位置 X_1）”。

2）高亮选择 $V-t$ 图像的第一个峰，调整至合适大小。

3）选择速度接近为常数的区域。

4）单击黑色三角形的统计图标选择的均值。点击统计图标和的平均值，数值输入 V_1 对应表格。

5）同样方法处理运行“弹簧1（位置 X_2）”和“弹簧1（位置 X_3）”，记录 V_2，V_3；并将表13-2中 X_1，X_2，X_3 写在表13-3中。

6）输入小车的质量和弹簧的质量到相应表格。

表 13-3　能量分析数据记录表格

X_0/m	k/(N/m)	X_1/m	X_2/m	X_3/m	V_1/(m/s)	V_2/(m/s)	V_2/(m/s)	$M_{车}$/kg	$m_{弹簧}$/kg

7）将弹簧的劲度系数和初始势能与最终动能填入表13-4，并进行比较。

表 13-4　劲度系数与能量

K_1/J	U_1/J	K_2/J	U_2/J	K_3/J	U_3/J

【注意事项】

1. 不要硬拉弹簧。

2. 运动传感器为超声反射式传感器，避免测量过程中间有其他障碍物。

【思考题】

1. 弹簧是否遵循胡克定律？给出解释的理由。

2. 具有更大劲度系数的弹簧在受力时表现出什么更明显的物理特性？

3. 考虑到势能 U 和动能 K 的不确定性，在大多数情况下 K 值是比相应的 U 值小的，为什么会出现这种情况？

（三）动 量 守 恒

【实验原理】

一个物体的动量等于它的质量与速度的乘积。碰撞中动量是守恒的。根据动量守恒定律，碰撞（或其他相互作用）前一个系统中的动量之和等于碰撞后这个系统中的动量之和：

$$m_1\boldsymbol{v}_1 + m_2\boldsymbol{v}_2 = m_1\boldsymbol{v}_1' + m_2\boldsymbol{v}_2'$$

如果忽略外力（如摩擦力），碰撞前两个小车的动量之和与碰撞后这两个小车的动量之和应该相等。

【实验仪器】

Pasco 动力学小车系统、运动传感器、计算机。

【实验内容】

1. 调整轨道位置水平，可通过放置动力学小车至不动来调节。

2. 使用两个运动传感器，通过 USB-Linker 连接至电脑，让运动传感器处于工作状态。

3. 点击“开始记录”按钮，在下面三种情况下记录 v-t 曲线。

情况 1：把一辆小车静止地放在导轨的中央。给另一小车一个初速度，速度方向朝静止的小车。

情况 2：把每个小车分别放在导轨的末端。给每个小车朝着对方大约相同的速度。

情况 3：把两个小车放在导轨的同一端，给第一个小车较小的速度，第二个小车较大的速度，这样第二个小车可以赶上第一个小车。

4. 把两块砝码放在其中的一个小车上，这样这个小车的质量 $3M$ 为另一个小车质量 M 的 3 倍。点击 “开始记录”按钮，计算机开始记录数据。在下面三种情况下，做出速度-时间图。

情况 1：把质量为 $3M$ 的小车静止地放在导轨的中央。给质量为 M 的小车一个初速度，速度方向朝静止的小车。

情况 2：把每个小车分别放在导轨的末端。给每个小车朝着对方大约相同的速度。

情况 3：　把两个小车放在导轨的同一端，给第一个小车较小的速度，第二个小车较大的速度，这样第二个小车可以赶上第一个小车。对两辆小车都要这样做：开始给 1M 的小车较小的速度，然后给 3M 的小车较大的速度。

5. 在每一个速度-时间图中，记下碰撞前一刻和碰撞后一刻的速度，用公式

$$m_1\boldsymbol{v}_1+m_2\boldsymbol{v}_2=m_1\boldsymbol{v}_1'+m_2\boldsymbol{v}_2'$$

验证动量是否守恒。

	v_1/(m/s)	v_2/(m/s)	v_1'/(m/s)	v_2'/(m/s)
情况 1				
情况 2				
情况 3				

【注意事项】

注意控制小车的速度，防止冲出轨道，造成损坏。

【思考题】

若两辆小车具有相同的质量和速度，它们碰撞时都反弹回去，两小车的总末动量是多少？

实验十四 液体黏度的测定

液体的黏度又称内摩擦系数，在工程技术和生产技术以及医学等方面，测定液体的黏度具有重大的意义。例如，研究水、石油等流体在长距离输送时的能量损耗，造船工业中研究减小运动物体在液体中的阻力，医学上通过测定血液的黏滞力可以得到有价值的诊断等，这些均与测定液体的黏度有关。测量液体黏度的方法有多种，本实验所用的落体法（又称斯托克斯法）是其中最基本的一种。在实验中，利用半导体激光传感器自动记录小球下落的时间，这有利于实验者了解现代光电传感器的测量技术。

【实验目的】

1. 观察液体的内摩擦现象。
2. 学会用落体法测量液体的黏度。
3. 学会用半导体激光传感器测量小球在液体中下落的时间。

【实验原理】

在稳定流动的液体中，由于各层的液体流速不同，互相接触的两层液体之间存在相互作用，慢的一层给快的一层以阻力，这一对力称为流体的内摩擦力或黏滞力。

实验证明，若以液层垂直的方向作为 x 轴方向，则相邻两个流层之间的内摩擦力 f 与所取流层的面积 S 及流层间速度的空间变化率 $\mathrm{d}v/\mathrm{d}x$ 的乘积成正比，即

$$f=\eta\frac{\mathrm{d}v}{\mathrm{d}x}S \tag{14-1}$$

式中，η 即为液体的黏度，它取决于液体的性质和温度。黏滞性随着温度升高而减小。如果液体是无限广延的，液体的黏滞性较大，小球的半径很小，且在运动时不产生旋涡。根据斯托克斯定律，小球受到的黏滞力为

$$f=6\pi\eta rv \tag{14-2}$$

式中，r 为小球半径；v 为小球运动的速度。设小球在无限广延的液体中下落，受到的黏滞力为 f，重力为 ρVg，这里 V 为小球的体积，ρ 与 ρ_0 分别为小球和液体的密度，g 为重力加速度。小球开始下降时速度较小，相应的黏滞力也较小，小球做加速运动。随着速度的增加，黏滞力也增加，最后球的重力、浮力及黏滞力三力达到平衡，小球做匀速运动，即

$$\rho Vg-\rho_0 Vg-6\pi\eta rv=0 \tag{14-3}$$

此时的速度称为收尾速度。小球的体积为

$$V = \frac{4}{3}\pi r^3 = \frac{1}{6}\pi d^3 \tag{14-4}$$

把式（14-4）代入式（14-3），得

$$\eta = \frac{(\rho - \rho_0) g d^2}{18 v} \tag{14-5}$$

式中，v 为小球的收尾速度；d 为小球的直径。

由于式（14-1）只适合无限广延的液体，在本实验中，小球是在直径为 D 的装有液体的圆柱形量筒内运动，不是无限广延的液体，考虑管壁对小球的影响，式（14-5）应修正为

$$\eta = \frac{(\rho - \rho_0) g d^2}{18 v_0 \left(1 + K \frac{d}{D}\right)} \tag{14-6}$$

式中，v_0 为实验条件下的收尾速度；D 为量筒的内直径；K 为修正系数，一般取 2.4。收尾速度 v_0 可以通过测量玻璃量筒外两个标号线 A 和 B 的距离 s 和小球经过 s 距离的时间得到，即 $v_0 = s/t$。

【实验仪器】

VM—1 型落球法黏度测定仪、数显游标卡尺（0～150 mm）、数显千分尺（0～25 mm）、钢尺、密度计、温度计、镊子。

VM—1 型落球法黏度测定仪：

1. 仪器外形示意图（图 14-1）。

2. 测定仪采用单片机做主件，由 3DU 光敏三极管和运算放大器组成光电传感器部件，即将光信号转化为电信号，经运算放大器比较后输出高电平或低电平，该输出的高低电平转换信号作为接入计时仪的输入，来启动计时仪计时开始或终止计时。

3. 使用方法。

（1）调底盘水平：在实验架横梁上放重锤部件，调节底盘旋钮，使重锤对准底盘的中心圆点。

（2）连接实验架上、下两个激光发射部件（A 和 B）电源，可见其发出红色激光。调节上、下激光发射部件，激光束呈水平发射，激光对准重锤线。

注意：激光发射部件 A 上面应留有适当的高度，以保证小球的收尾速度为匀速。

（3）连接上、下接收部件（A′和 B′）的红线和黑线到测定仪面板右面的 +5V 和 GND 的接线柱上，暂不连接黄线（信号线）到 INPUT 接线柱。收回重锤线，调节上、下接收部件，使可见红色激光对准接收部件上的小孔，并使接收部件上的发

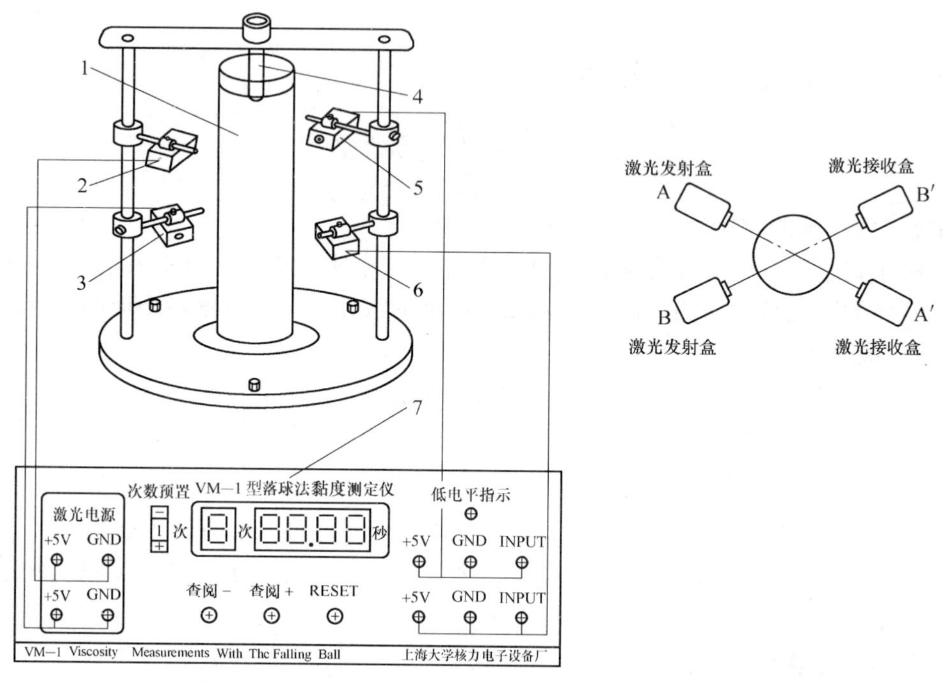

图 14-1　VM—1 型落球法黏度测定仪实验装置

1—盛液量桶　2—激光发射盒　3—激光发射盒　4—导向管　5—激光接收盒
6—激光接收盒　7—VM—1 落球法黏度测定仪（计数计时毫秒仪）

光管不亮。然后，连接上、下接收部件上的黄线到测定仪面板的 INPUT 接线柱。

注意：收回重锤线后不得再调节激光发射部件。

（4）放盛液桶到实验架，可左右和前后调节盛液桶位置，使可见红色激光对准接收部件上的小孔，或使激光亮点位于接收小孔的垂直方向上，无水平方向的偏差。然后调节接收部件使发光管不亮。

（5）放上与小球相应的钢球导管，钢球导管插入蓖麻油 1 ~ 2 mm 为佳，可适当增减蓖麻油。

（6）放小球于导向管，当小球下落经过 AA′时，将阻断激光束，接收端由高电平向低电平跳变，测定仪开始计时；小球下落经过 BB′时又将阻断激光束，接收端由高电平向低电平跳变，测定仪自动记录跳变次数并判别跳变次数是否到设定的次数，一旦次数到，即刻停止计时，这时数码管显示的时间即为小球下落 s 路程的时间，并保留到按 RESET 键前。

【实验内容】

1. 调节仪器，使玻璃量筒中心轴处于铅直。

2. 用游标卡尺测量量筒的内直径 D，用钢尺测量量筒上标线 A、B 的间距 s。

3. 用千分尺测量小钢球的直径 d，共测 6 个钢球。

4. 接线及调节激光发射和接收部件进入测量状态。

5. 调节计时仪的次数预置，预置为 1 次。一旦计时仪开始计时，次数预置改变无效，须按 RESET 键复位后才能改变预置次数。

6. 放小球于导向管，测量小球的下落时间，共测 6 个钢球。

注意：（1）要用镊子夹小钢球；（2）将小球放入导向管前，应先在所测的油中浸一下，以使其表面完全被油浸润。

7. 利用秒表测量小球的下落时间，共测 6 个钢球。

8. 记录液体密度 ρ_0 及室温 T。

9. 根据公式（18-6），分别利用以上两种方法所测的时间，计算液体的黏度，给出实验结果 $\eta = \overline{\eta} \pm U_\eta$。

【注意事项】

1. 钢球导管必须浸入蓖麻油液面中 2 mm 左右。

2. 正确连接激光发射部件和接收部件的连线，落球开始前请预置正确次数，调节拔码开关，在仪装上、下光电门时次数预置为 1。

3. 激光发射部件和接收部件上有一小孔，不要粘上油等杂物以免堵塞。

【思考题】

1. 公式（14-6）在什么条件下才能成立？

2. 小球在黏滞液体中的下落时间为什么不能从液面开始计时，而从距离液面一定的距离才开始计时？

3. 观察小球通过横刻线时，如何避免视差？

【附录】

VM—1 型落球法黏度测定仪（计时部分）

1. 量程和分辨率

被 测 次 数	量程/s	分辨率	备　　注
1，2，…，9	0.01 ~ 99.99	0.01	自动记忆备查阅，激光电源

2. 准确度

准确度优于 0.01% ±1 个字。测定仪输入电压幅度在 0 ~ 5 V，低电平吸收电流不大于 7 mA。

3. 仪器外形

其图形见附图 14-1-1。

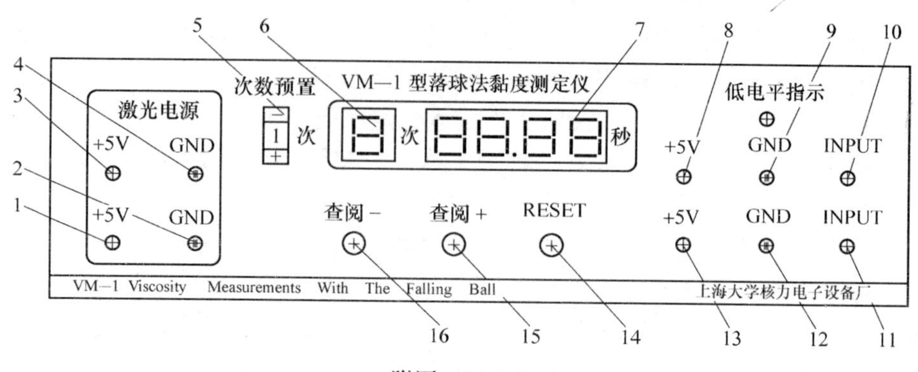

附图　14-1-1

1、3—激光电源 +5V　2、4—激光电源地　5—（光电门数 -1）预置　6—对应光电门数显示　7—计时显示　8、13—接收器电源 +5V　9、12—接收器电源地　10、11—输入（接收器输出）　14—复位键　15—（次数 -1）查阅计时键　16—（次数 +1）查阅计时键

4. 使用方法

（1）测定仪 INPUT 接线端由高电平向低电平跳变开始计时，在下一次 INPUT 接线端由高电平向低电平跳变，测定仪自动记录高低电平的跳变次数并判别跳变次数是否到设定的次数，一旦次数到即刻停止计时，数码管显示所计的时间。并保留到按 RESET 键前。

（2）按下计时仪的 RESET 键，复零计时数。测定仪的 INPUT 接线端若有上述的高低电平跳变，测定仪重复上述工作过程。

（3）VM—1 型测定仪的次数预置数是小球经过的激光光电门数 -1，如实验示意图中上、下共 2 对激光光电门，则次数预置数为 1 即可。本计时仪也可用于在本实验中安装 2 对以上的激光光电门，如 3，4，…，10 对，则对应的次数预置数为 2，3，…，9。一旦小球落下，且光电门顺利地工作，小球在经过最后一个光电门后自动停止计时并保留计时数。从通过第一个光电门开始，到过其他光电门的时间可按 查阅 - 或 查阅 + 键来查阅。其中 0 次数为开始计时的光电门，1 次数为开始计时光电门的下面的第 1 个光电门，显示的时间是从开始计时到该光电门的时间，2 次数为开始计时光电门的下面的第 2 个光电门，显示的时间是从开始计时到该光电门的时间，以此类推。

实验十五　动态悬挂法测定工程材料的弹性模量

弹性模量是工程材料的一个重要物理参数，它标志着材料抵抗弹性形变的能力。“动态悬挂法”测量弹性模量的基本方法是：将一根截面均匀的试样（棒）用两根细丝悬挂在两只传感器（一只激振，一只拾振）下面，在试样两端自由的条件下，由激振信号通过激振传感器使试样做横向弯曲振动，并由拾振传感器检测出试样共振时的共振基频，并根据试样的几何尺寸、质量等参数测得材料的弹性模量。

【实验目的】

1. 学习用动态悬挂法测定金属材料的弹性模量。
2. 培养学生综合应用物理实验仪器的能力。

【实验原理】

如图 15-1 所示，一细长棒（长度比横向尺寸大很多）的横振动（又称弯曲振动）满足动力学方程

$$\frac{\partial^4 y}{\partial x^4}+\frac{\rho S}{EJ}\cdot\frac{\partial^2 y}{\partial t^2}=0 \qquad (15\text{-}1)$$

棒的轴线沿 x 方向。式（15-1）中，y 为棒上距左端 x 处截面的横向位移；E 为该棒的弹性模量；ρ 为材料密度；S 为棒的横截面积；J 为某一截面的惯性矩 $\left(J=\iint_S y^2\mathrm{d}S\right)$。

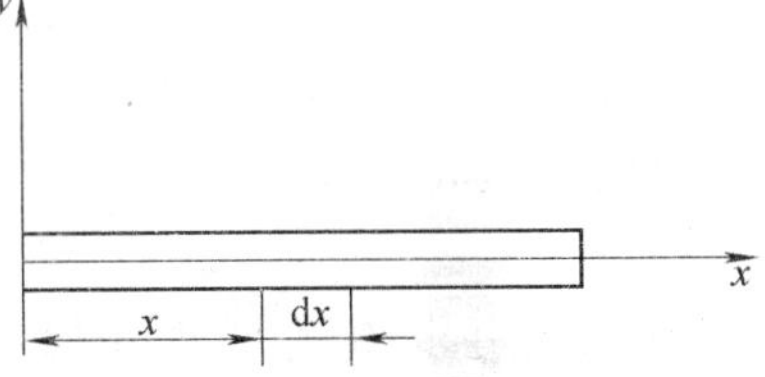

图 15-1　细长棒的弯曲振动

用分离变量法求解该方程。令 $y(x,t)=X(x)T(t)$，代入方程(15-1)得

$$\frac{1}{X}\frac{\mathrm{d}^4X}{\mathrm{d}x^4}=-\frac{\rho S}{EJ}\frac{1}{T}\frac{\mathrm{d}^2T}{\mathrm{d}t^2}$$

等式两边分别是两个独立变量 x 和 t 的函数，只有在两端都等于同一个任意常数时才有可能成立。设该常数为 K^4，于是得

$$\frac{\mathrm{d}^4X}{\mathrm{d}x^4}-K^4X=0$$

$$\frac{\mathrm{d}^2T}{\mathrm{d}t^2}+\frac{K^4EJ}{\rho S}T=0$$

设棒中每点都做简谐振动，则此两方程的通解为

$$X(x)=B_1\mathrm{ch}Kx+B_2\mathrm{sh}Kx+B_3\cos Kx+B_4\sin Kx$$

$$T(t)=A\cos(\omega t+\varphi)$$

于是横振动方程（15-1）的通解为

$$y(x,t)=(B_1\mathrm{ch}Kx+B_2\mathrm{sh}Kx+B_3\cos Kx+B_4\sin Kx)A\cos(\omega t+\varphi) \qquad (15\text{-}2)$$

式中

$$\omega=\left(\frac{K^4EJ}{\rho S}\right)^{\frac{1}{2}} \qquad (15\text{-}3)$$

式（15-3）称为频率公式，它对任意形状截面的试样，以及在不同的边界条件下都是成立的。我们只要根据特定的边界条件定出常数 K，代入特定截面的惯量矩 J，就可以得到具体条件下的关系式。

对于用细线悬挂起来的棒（设棒长为 l），若悬线位于棒做横振动的节点附近，并且棒的两端均处于自由状态，那么在两端面上，横向作用力 F 与弯矩 M 均为零。横向作用力 $F=\frac{\partial M}{\partial x}=-EJ\frac{\partial^3 y}{\partial x^3}$，弯矩 $M=EJ\frac{\partial^2 y}{\partial x^2}$，则边界条件有4个，即

$$\frac{\mathrm{d}^3X}{\mathrm{d}x^3}=0\ (x=0) \qquad \frac{\mathrm{d}^3X}{\mathrm{d}x^3}=0\ (x=l)$$

$$\frac{\mathrm{d}^2X}{\mathrm{d}x^2}=0\ (x=0) \qquad \frac{\mathrm{d}^2X}{\mathrm{d}x^2}=0\ (x=l)$$

将通解代入边界条件得

$$\cos Kl\cdot\mathrm{ch}Kl=1 \qquad (15\text{-}4)$$

用数值解法可求得满足式（15-4）的一系列根 $K_nl=0$，4.730，7.853，10.966，14.137，…。其中 $K_0l=0$ 的根对应于静止状态。因此将 $K_1l=4.730$ 记作为第一个根，对应的振动频率称为基振频率，此时棒的振幅分布如图15-2a所示，K_2l 对应的振形如图15-2b所示。从图15-2a可以看出试样在做基频振动时存在两个节点，根据计算可知，它们的位置分别在距端面 $0.224l$ 和 $0.776l$ 处。

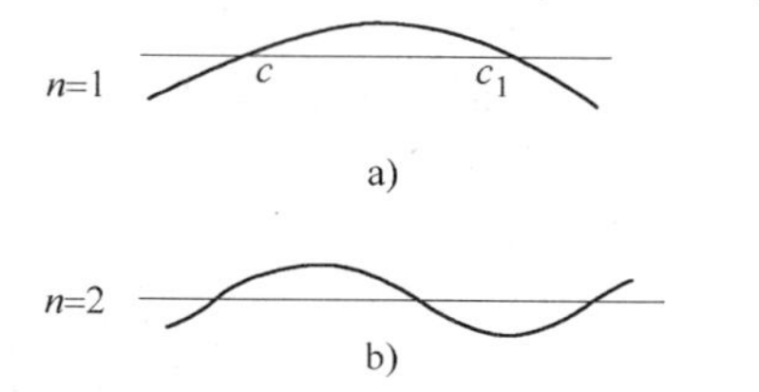

图15-2 两端自由的棒弯曲振动前两阶振幅分布

将 $K_1=\frac{4.730}{l}$ 的值代入式（15-3），得到棒做基频振动的固有频率

$$\omega=\left(\frac{4.730^4EJ}{\rho l^4S}\right)^{\frac{1}{2}}$$

由上式可解出弹性模量

$$E=1.9978\times10^{-3}\frac{\rho l^4S}{J}\omega^2=7.8870\times10^{-2}\frac{l^3m}{J}f^2$$

式中，m 为棒的质量，$m=\rho lS$；f 为棒的基振频率。对于直径为 d 的圆棒，惯量矩

$J=\iint\limits_{S} y^2\mathrm{d}S=\frac{\pi d^4}{64}$，代入上式得

$$E=1.6067\frac{l^3 m}{d^4}f^2 \quad （圆形棒） \tag{15-5}$$

式（15-5）即为本实验所用计算弹性模量的公式。

图 15-3 为本实验所用的实验装置示意图。被测试样用两根细线悬挂在换能器 1、2 下面。换能器 1 是发射换能器，也称为激振器，信号发生器输出的电信号加在激振器上，使激振器中的膜片振动，悬线 3 固定在此膜片中心，膜片的振动引起悬线跟着上下振动，激发试样发生振动。试样的振动通过悬线 4 传给换能器 2，换能器 2 为接收换能器，又称拾振器，它将试样的振动变为电信号，加到示波器上。改变信号发生器输出信号的频率，当其数值与试样棒的某一振动模式的频率一致时发生共振，这时试样振动振幅最大，拾振器输出电信号也达到最大。测出此时的信号频率，若判断它为此试样的基频频率，则代入式（15-5）即可求得弹性模量。

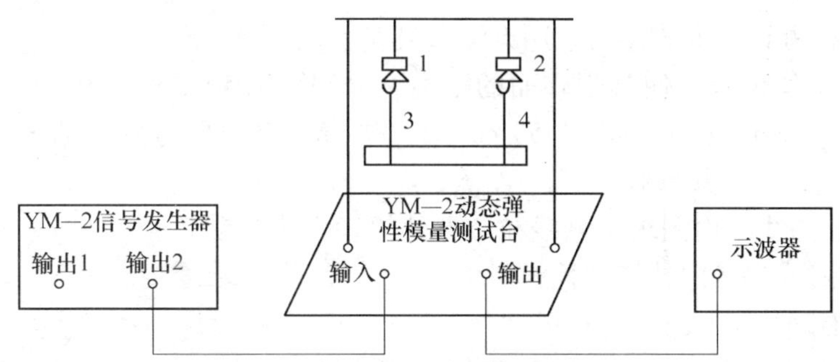

图 15-3　动态悬挂法实验装置图

理论上，试样做基频共振时，悬点应置于节点处，即悬点应置于距棒的两端面分别为 0.224l 和 0.776l 处。但是，在这种情况下，棒的振动无法被激发。欲激发棒的振动，悬点必须离开节点位置。这样，由于与理论条件不一致，势必会产生系统误差。为消除该误差，可采用内插测量法测出悬点在节点处试样的基频共振频率。其具体的测量方法是在基频节点处 ±30 mm 范围内同时改变两悬线位置，测出共振频率与悬线位置的关系曲线，如图 15-4 所示，从而拟合出悬丝在节点位置的基频共振频率值。

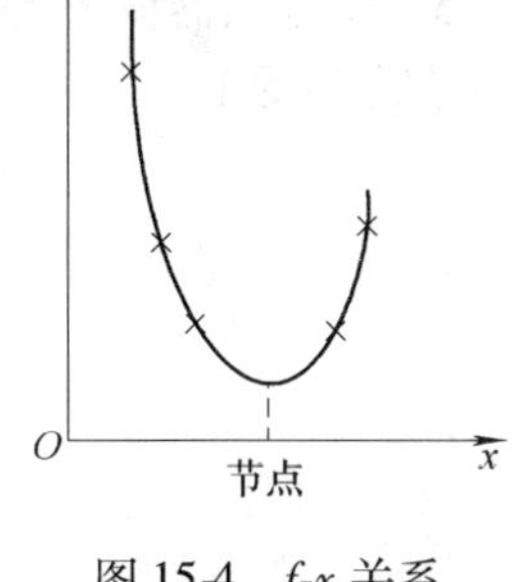

图 15-4　f-x 关系

【实验仪器】

YM—2 动态弹性模量测试台、YM—2 信号发生器、铜棒、示波器、游标卡尺、

螺旋测微计、电子天平。

YM—2 信号发生器前面板示意图如图 15-5 所示。

电压表：指示输出电压幅值，其值由“电压调节”钮调节。

输出 1、输出 2：两路并联输出，可与传感器、示波器等连接。

频率选择：分三挡，500 Hz ~ 1 kHz，1 ~ 1.5 kHz，1.5 ~ 2 kHz。

频率调节和频率微调：“频率调节”为频率粗调，“频率微调”为频率细调，实验时两者必须配合使用。

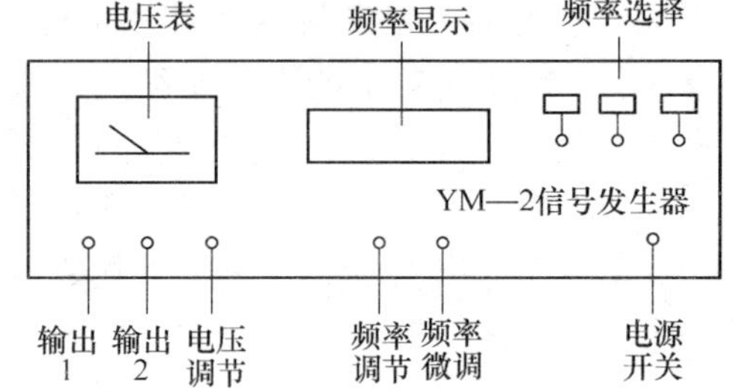

图 15-5 YM—2 信号发生器前面板示意图

【实验内容】

本实验采用的试样为黄铜棒和不锈钢棒，分别测量其弹性模量。

1. 测定试样的长度 l、直径 d（分别在不同位置测 6 次取平均值）和质量 m（单次测量）。

2. 按图 15-3 所示接线，并进行测量前的仪器调节（示波器的使用方法参见实验四附录）。

3. 调节悬丝位置，使其距端面的距离 x 分别为 1.50 cm、2.00 cm、2.50 cm、3.00 cm、3.50 cm、4.00 cm、4.50 cm、5.00 cm，调节信号发生器的频率，寻找对应的共振点，记下共振频率 f_1，f_2，f_3，f_4，f_5，f_6，f_7，f_8。

4. 作 f-x 图线，由图求出悬线在节点处的基频共振频率。

5. 利用式（15-5）计算弹性模量 E。

【注意事项】

1. 对悬线不要用力拉，否则将会损坏膜片或换能器。悬挂样品，移动悬线位置时，对悬线都要轻放轻动。

2. 在共振点附近，调节“频率微调”必须十分缓慢，否则容易滑过而找不到共振峰。调节时还要注意判断假共振信号。

3. 在传感器调整好的情况下，实验时输入激振传感器的信号不能过大。

【思考题】

1. 如何测定节点处的基频共振频率？

2. 怎样判断示波器上的共振信号？

实验十六　用 CCD 成像系统观测牛顿环

牛顿环是一种分振幅等厚干涉现象，是光的波动性的一种表现。牛顿环在光学加工中有广泛的应用。例如，利用它可精确地检验光学元件表面的质量，并测试压力与形变的关系等。

CCD（Charge-Coupled Device，电荷耦合器件）在图像传感和非接触测量领域发展迅速。用 CCD 观测牛顿环，具有直观、精确度高、图像可保存等优点。

【实验目的】

1. 在进一步熟悉光路调整的基础上，用透射光观察等厚干涉现象——牛顿环。
2. 学习利用干涉现象测量平凸透镜的曲率半径。

【实验原理】

如图 16-1 所示，牛顿环仪是由一块曲率半径较大的平凸透镜放在光学平玻璃上构成的，平玻璃表面与凸透镜球面之间形成一楔形的空气间隙。当用平行光照射牛顿环仪时，在球面与平玻璃接触点周围就形成了同心圆干涉环——牛顿环。可以用透射光来观察这些干涉环，因为空气楔的边界表面是弯曲的，所以干涉环的间距是不相等的。

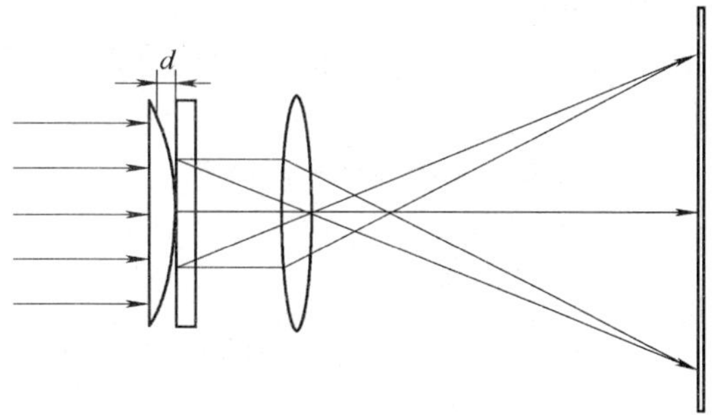

图 16-1　透射式牛顿环原理图

一束光从左面照在距离为 d 的空气楔处，如图 16-1 所示。部分光在空气楔的左面边界反射回来；部分光透过气楔，这部分光用 T_1 表示。在空气楔的右面边界有部分光反射回来，由于此束光是从空气入射到折射率大的平玻璃面反射，此束光发生相位突变（半波损失），这束光入射到空气楔左面边界后部分光经空气楔左面边界反射回去，这束光从空气入射到平凸透镜凸玻璃面，反射后也发生一次相位突变（半波损失），这部分光经空气楔右表面透射，用 T_2 表示，T_1 和 T_2 两束光相遇并干涉。T_1 和 T_2 的光程差 Δ 为

$$\Delta = 2d + 2\frac{\lambda}{2} \tag{16-1}$$

形成亮纹的条件：$\Delta = n\lambda$（$n = 1, 2, 3, \cdots$，表示干涉条纹的级数），即

$$d = (n-1)\frac{\lambda}{2} \tag{16-2}$$

当两块玻璃相接触时 $d = 0$，中心形成亮纹。

对于由平凸透镜和平玻璃所形成的空气楔，由图16-2可以看出平凸透镜半径与空气楔的厚度及牛顿环半径的关系为

$$R^2=r^2+(R-d)^2$$

$$d=\frac{r^2}{2R} \qquad (d \ll R) \qquad (16\text{-}3)$$

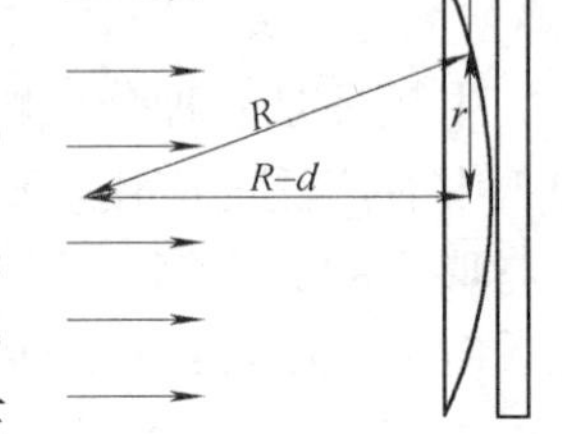

图16-2 干涉原理图

对于小的厚度 d，干涉环即牛顿环的半径可以用下式来计算：

$$r_n^2=(n-1)R\lambda \qquad (n=1,2,3,\cdots) \qquad (16\text{-}4)$$

当平凸透镜与平玻璃的接触点受到轻压时，必须相应修正式（16-3），空气楔厚度表示为

$$d=\frac{r^2}{2R}-d_0 \qquad r \geqslant \sqrt{2Rd_0} \qquad (16\text{-}5)$$

因此，对于牛顿环亮环，其半径 r_n 的关系如下：

$$r_n^2=(n-1)R\lambda+2Rd_0 \qquad (n=2,3,4,\cdots) \qquad (16\text{-}6)$$

【实验仪器】

钠灯($\lambda=5893\text{Å}$)、牛顿环、透镜、光屏、定标狭缝板、CCD摄像头和计算机等。

【实验内容】

1. 调整光路，观察透射式牛顿环

（1）按图16-3布置各元件及装置。

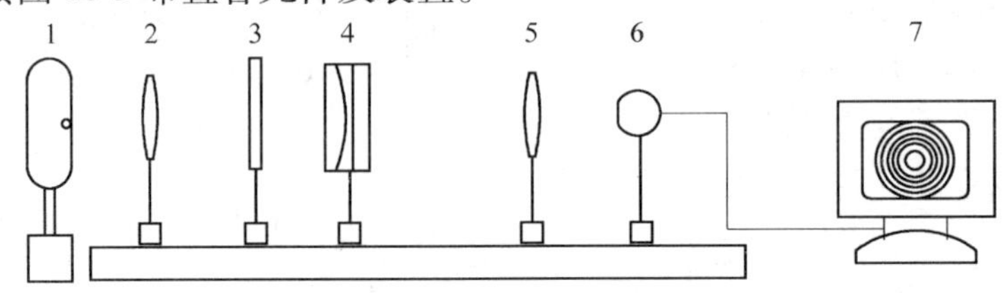

图16-3 实验装置示意图

1—钠灯 2—透镜 3—定标狭缝板 4—牛顿环 5—透镜 6—CCD摄像头 7—计算机

（2）按同轴等高调整各光学元件。将各元件靠拢，调整各元件中心在一条直线上，并使各元件光学平面互相平行。

（3）调整钠灯的位置，使之处于透镜的焦点，并用光屏观察透镜后的光斑，直至移动光屏，光斑大小不再变化，此时从透镜出射的平行光均匀照亮牛顿环。

（4）调整透镜，使牛顿环处于透镜的两倍焦距以外，移动CCD摄像头的位置，直至在显示器上呈现大小适中、清晰的牛顿环，此时中央环是亮斑。

2. 测量计算机中牛顿环像的半径

（1）用计算机读取牛顿环亮环从第2环至9环的半径 r_n''（像元）数据，记录在表16-1中（具体操作参阅实验室提供的操作指导）。

（2）记录牛顿环、透镜与摄像头在导轨上的位置，计算牛顿环的物距 s_n 和像距 s_n'。

3. 定标

计算机屏上显示的 r_n''是 CCD 摄像头中牛顿环像的半径，它是以像元为单位，必须将 r_n''换算成 mm 单位，将测量数据填入表 16-1 中。此测量过程为定标。

（1）将图 16-3 中的牛顿环换成定标狭缝板，调节透镜与 CCD 摄像头的位置，直至在显示器上呈现清晰的狭缝像，记录狭缝、透镜与 CCD 摄像头在导轨上的位置，计算狭缝的物距 s_s 和像距 s_s'。

（2）记录计算机中狭缝像宽度所对应的像元数 L''。

表 16-1　牛顿环半径 r_n''（像元）与干涉级次 n 关系

n	2	3	4	5	6	7	8	9
r_n''								
r_n/mm								

4. 计算

根据薄透镜成像放大率公式，狭缝像的宽度 $L' = (s_s'/s_s)y$（s_s 为狭缝的物距，s_s'为狭缝的像距，y 为狭缝宽度）。因此，1 mm 所对应的像元数为 L''/L'。由薄透镜成像放大率公式计算牛顿环的半径

$$r_n = \frac{r_n''}{L''} \times \frac{s_s'}{s_s} \times \frac{s_n}{s_n'}y \tag{16-7}$$

【数据处理】

1. 利用式（16-7）计算牛顿环的半径 r_n。
2. 利用所得数据作 r_n^2 与 n 关系图，并求斜率 α、平凸透镜的半径 R 和 d_0。
3. 用最小二乘法计算平凸透镜的半径 R 和 d_0。

【注意事项】

1. 请轻拿轻放光学元件，勿用手触摸光学玻璃。
2. 操作过程中始终保持光学元件共轴。
3. 每次计算机采集数据要及时记录对应的物距和像距。

【思考题】

1. 对于同一牛顿环装置，反射式干涉环与透射式干涉环有什么异同之处？
2. 公式 $d = \frac{r^2}{2R} - d_0$ 中 d_0 表示什么意义？
3. 当用白光照射时，牛顿环的反射条纹与单色光照射时有何不同？

实验十七 电子示波器的原理实验

示波器是一种综合性的电信号测试仪器，它能把眼睛看不见的电信号转换成能直接观察的波形，展现于显示屏上。示波器实际上是一种时域测量仪器，用来观察信号随时间的变化关系，也可用来测量电信号波形的形状、幅度、频率和相位等。凡是能转化为电信号的电学量和非电学量都可以用示波器来观察。示波器种类很多，有通用示波器、双踪示波器、数字示波器等。用双踪示波器还可以测量两个信号之间的时间差，数字示波器甚至可以将输入的电信号存储起来以备分析和比较。因此，学习使用示波器在物理实验中具有非常重要的地位。本实验以电子示波器为例介绍示波器的原理。

【实验目的】

1. 了解示波器的工作原理，熟悉示波器和信号发生器的基本使用方法。
2. 学会用示波器观察电信号的波形，测量交流信号的峰-峰值电压和周期。
3. 通过观察李萨如图形，学会一种测量正弦波信号频率的方法，并加深对互相垂直振动合成理论的理解。

【实验原理】

不论何种型号和规格的示波器都包括了如图 17-1 所示的几个基本组成部分：示波管（又称阴极射线管）、垂直放大电路（Y 放大）、水平放大电路（X 放大）、扫描信号发生电路（锯齿波发生器）、自检标准信号发生电路（自检信号）、触发同步电路、电源等。

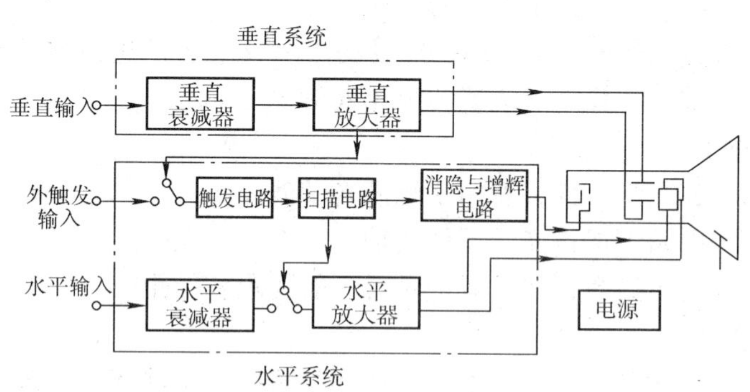

图 17-1 示波器的基本结构简图

1. 示波管的工作原理

（1）电子示波管：如图 17-2 所示，它是个喇叭状的大电子管，管内包含有电子枪、X 轴和 Y 轴偏转板、荧光屏等三部分。电子枪发射电子束射到荧光屏上，使荧光屏上的荧光物质膜受激发光，显示一个光点，光点的亮度依电子流的速度和密度而变化，受电子枪控制器控制。在电子束的通道旁装有两对相互垂直的平行板，当它们加有电压时，每对平行板之间就有相应的电场，使电子流受电场力作用而偏转，其中一对能使电子束沿水平方向偏转，称为 X 轴偏转板；另一对平行板能使电子束沿竖直方向偏转，称为 Y 轴偏转板。电子束偏转大小（荧光屏上光点移动大小）和偏转板电压大小成正比；当两对偏转板上所加的是随时间变化的电压时，电子束将同时按两种电压变化规律偏转，荧光屏上的光点相应地形成两种运动叠加的图像，这就是示波管的原理。

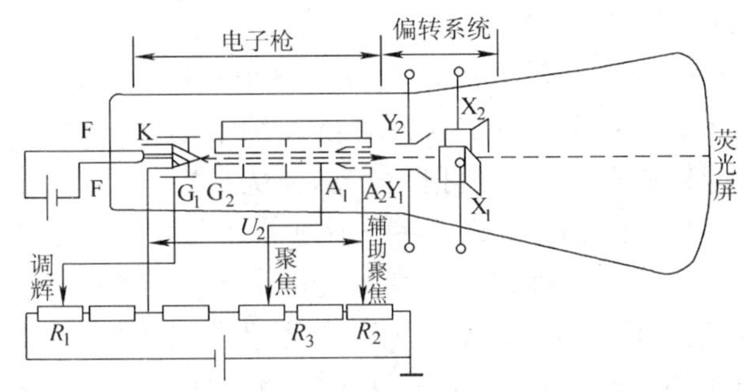

图 17-2　示波管结构图

F—灯丝　K—阴极　G_1、G_2—控制栅极　A_1—第一阳极　A_2—第二阳极

Y_1Y_2—竖直偏转板　X_1X_2—水平偏转板

（2）电子枪控制电路：如图 17-2 所示，电子枪由加热灯丝 F、发射电子的阴极 K、控制栅极 G 以及第一阳极 A_1 和第二阳极 A_2 组成，各电极引到管外接有不同的电压。栅极相对阴极为负电势，用于控制电子流的密度，从而控制光点亮度，控制栅极对阴极的电压通常用符号 U_G 表示，在示波器面板上称为“辉度”的旋钮是用来调节 U_G 的。第一阳极和第二阳极相对阴极接有正高压，除了加速电子的作用外，还在 A_1、A_2 之间形成聚焦电场（电子透镜），使电子束在荧光屏上聚合成一个点，达到光点聚焦或图形清晰。聚焦可用仪器面板上“聚焦”旋钮及“辅助聚焦”旋钮进行调节。

（3）X 轴、Y 轴偏转系统：如图 17-3 框图所示，由 X 轴、Y 轴输入的信号，必须经过增幅放大获得较高电压，才能使电子束发生可以观察的偏转，但输入增幅放大器的信号也不可太大，以防放大失真，所以，较强的信号电压要先经

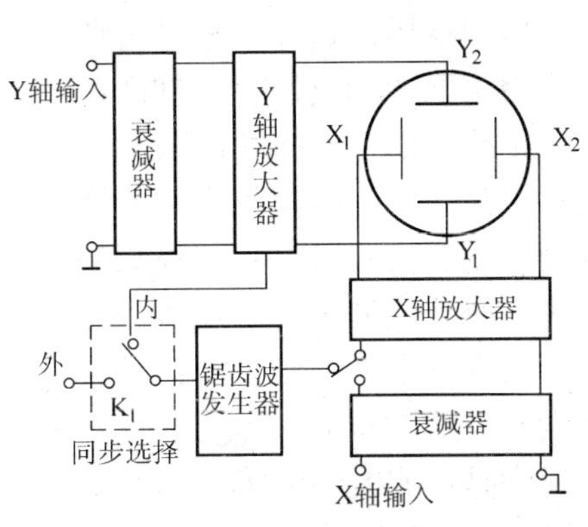

图 17-3　示波器框图

过一个分压器进行衰减。示波器的衰减器分有1，10，100，1k等挡位。10，100，1k挡表示分别把信号电压衰减为原来的1/10，1/100，1/1000。“Y轴放大器”和“X轴放大器”增幅放大是连续可调的，以便荧光屏得到大小合适的图像。

（4）扫描、同步：任何一种随时间迅速变化的信号电压，不管是从X轴或者Y轴单独输入，经增幅放大后，在荧光屏上只会相应地出现一条水平的或竖直的亮线，而不能看到信号电压随时间变化的过程——波形，如图17-4b所示。因此，为了观察波形，所有示波器都装有一个锯齿波振荡器，以产生一个电压随时间线性增加的周期性电振动，如图17-5a所示。它的特点是，在一个电压周期内（如$t_0 \sim t_1$，或$t_1 \sim t_2$），电压随时间由负最大值到正最大值正比地增加，然后，突然回到负最大值，周期性地重复。把这锯齿波电振动经X轴增幅放大后，加到X偏转板上能使光点沿X轴方向做周期性的匀速扫动（总是从$-X \to +X$）叫作扫描，相当于给波形观察提供了一个时间轴，如图17-4a所示。在荧光屏X轴有了扫描的情况下，若把一个正弦振动信号由Y轴输入，则荧光屏上的光点将同时参与X轴、Y轴两方向的运动，形成叠加运动的波形，即U_y的振动曲线。如果Y轴的信号频率f_y恰为扫描频率f_x的n整数倍，即$f_y = nf_x$，荧光屏将出现n个完整的信号波形。

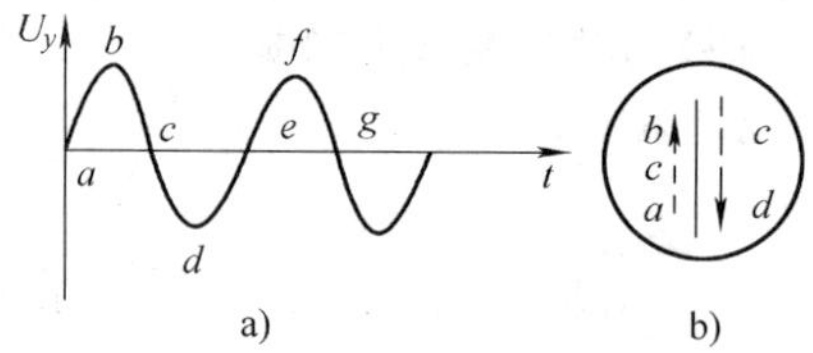

图17-4 仅有Y轴信号的波形

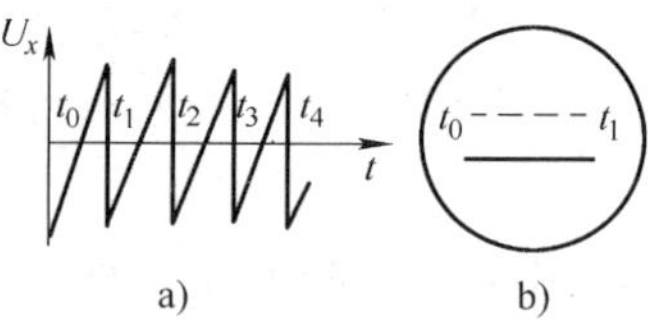

图17-5 仅有X轴扫描信号的波形

图17-6所示为$n=1$的情形：X轴上扫描一次，Y方向做正弦振动一次，光点显示一个正弦波形。为了适应观察各种频率的波形，扫描频率是可调的，示波器面板上设有“扫描范围”（粗调）和“扫描微调”两个旋钮；但是，由于扫描频率常有微小变动，或者信号频率和扫描频率不同步，会使波形走动、不能固定显示，给观测带来困难，为此示波器还设有一个“同步（整步）”装置，通常是从放大后的被测信号取出一部分电压经同步增幅后加到扫描振荡器中来影响扫描频率，强制

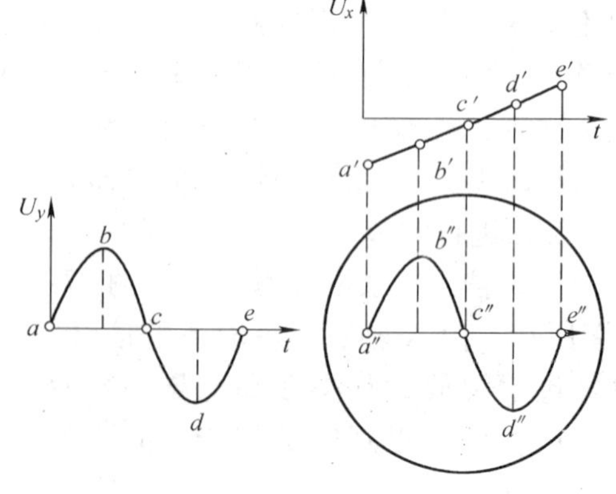

图17-6 X轴和Y轴分别有扫描和交流信号

性地使其达到$f_y=nf_x$，获得稳定的波形，这称“内同步”；也可以由示波器外部接入一个特定的电压来控制扫描使其同步，这称“外同步”。使用同步时，先不接入“同步（整步）信号”，待仔细地微调扫描频率，使其十分接近$f_y=nf_x$关系（即出现n个完整波，且波形移动很慢）时再加上“同步（整步）信号”，即可使波形稳定不动。

（5）电源：示波器框图中未画出，示波器使用220(1±5%)V，50 Hz市电，经内部变压、整流、稳压产生各种高、低压电源，供各部件使用。

2. 用示波器观察未知信号的波形

示波器的一个主要功能就是用来观察未知信号的波形。用示波器观察未知信号的波形时，首先要在示波管的X轴输入一个周期性的锯齿波信号，以此作为时间轴。然后再从Y轴输入随时间变化的未知信号，适当调整锯齿波的扫描频率，使其与Y轴输入信号的频率成某一整数倍，屏幕上就可出现未知信号的波形。如果出现的波形过大或过小，还须调整Y轴放大器的增益，使屏幕上图形的大小适宜。

如果用双踪示波器，有两路Y输入端，可同时观察两路不同的信号的波形，并将这两路的信号波形进行比较。

3. 用示波器观察李萨如图形的原理

当示波器的“X”、“Y”输入端同时输入周期性电压信号时，荧光屏上的亮点的移动同时受来自X轴和Y轴方向偏转电场的作用，因而亮点的运动是两个相互垂直振动的合成。X方向振动频率f_x与Y方向振动频率f_y相同时，亮点合成运动的轨迹一般是一个椭圆。一般地，如果频率比值f_y∶f_x为整数比，合成运动的轨迹将是一个封闭的图形，称为李萨如图形，见表17-1。

表17-1 李萨如图形举例表

f_y/f_x	1∶1	1∶2	1∶3	2∶3	3∶2	3∶4	2∶1
李萨如图形							
N_x	1	1	1	2	3	3	2
N_y	1	2	3	3	2	4	1
f_y/Hz	100	100	100	100	100	100	100
f_x/Hz	100	200	300	150	66.7	133	50

本实验把外部的低频信号发生器提供的交流信号和示波器本身提供的一路50 Hz的交流信号分别从示波器的“X”、“Y”输入端输入，通过改变X信号频率

与 Y 轴的 50 Hz 的交流信号频率的比值，可在示波器上观察到不同的李萨如图形。

李萨如图形与 X 轴或 Y 轴相切时的切点数与振动频率之间有如下的简单的关系：

$$\frac{\text{X 方向切线与图形的切点数 } N_x}{\text{Y 方向切线与图形的切点数 } N_y}=\frac{f_y}{f_x} \tag{17-1}$$

如果式（17-1）中 f_y 为已知（即标准频率），则可由李萨如图形的切点数之比来计算未知频率 f_x。表 17-1 中列举了比值 f_y/f_x 等于不同整数比时的李萨如图形及有关数字。

【实验仪器】

1. 多波信号源（参见实验四附录二）。
2. 双踪示波器（参见实验四附录一）。
3. LB—EB4 型电子束实验仪。

LB—EB4 型电子束实验仪可以做电子束和示波器的原理等多项实验，仪器的面板布置如图 17-7 所示。

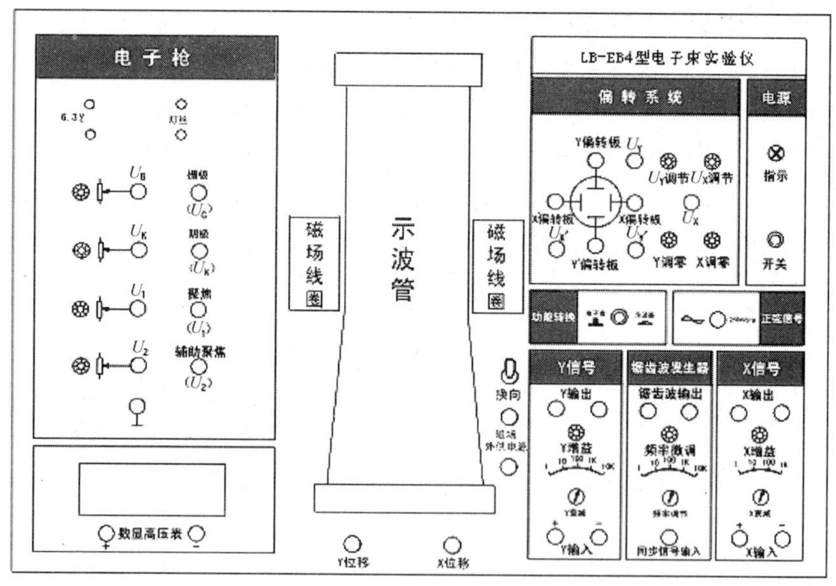

图 17-7

在仪器面板右边中部有一个仪器的“功能转换”按钮，按下此按钮即可做示波器的实验。在仪器面板的左边是电子枪控制电路，调节有关的旋钮可改变电子束的聚焦和辉度情况；在仪器面板的右下方，有Y信号放大-衰减系统、X信号放大-衰减系统和锯齿波发生器系统。按照示波器的框图17-2将此三个系统与偏转系统中的X偏转板和Y偏转板相连接，就可以和仪器面板上的示波器一起组成一个通用的小型示波器。

【实验内容】

1. 对照上面所讲内容观察熟悉仪器的面板和使用方法，了解仪器各部分的功能。

2. 调整电子枪的有关旋钮，使示波管光点聚焦、亮度适中。

3. 把仪器的功能转换按钮按到“示波器”位置，把“Y信号”的输出端的两根线分别与“偏转系统”的“Y_2”和“Y_1”偏转板相连；再把“锯齿波发生器”的输出端的两根线分别与“偏转系统”的“X_1”和“X_2”偏转板相连，这样就可用来观察外接信号的波形。

4. 分别把“Y信号”的输入端与“多波信号源”的方波、锯齿波和正弦波输出端相连，观察这些波的波形，并作描绘记录。要求把信号源的频率调到200 Hz，峰-峰值电压为5 V，并在屏幕上稳定地显示出两个完整的波形。（提示：须加同步信号。）

5. 把“偏转系统”的“X_1”和“X_2”偏转板改与“X信号”的输出端相连，这样就变成了“X-Y”测量方式，可以用来观察李萨如图形。

6. 把仪器面板上自带的250 mV正弦信号加到“Y信号”的输入端，再把“多波信号源”的正弦信号引入到“X信号”的输入端，调整“多波信号源”正弦信号的频率，按表17-2测定和记录李萨如图形。

7. 将多波信号源接入双踪示波器，按照表17-3要求进行测量。

表17-2　观察李萨如图形结果

$f_y:f_x$	1:1	2:1	3:1	1:2	1:3
李萨如图形					
N_x					
N_y					
f_y/Hz	50	50	50	50	50
f_x/Hz					

表 17-3 方波、三角波、正弦波的测量

多波信号源	波形选择	屏幕显示两个完整波形	Y 倍率 /(V/div)	格数 /div	$U_{峰-峰}$ /V	扫描倍率 /(ms/div)	格数 /div	T /ms	f /kHz
$U_{峰-峰}=10$ V $f=1000$ Hz	方波								
	三角波								
	正弦波								

【注意事项】

1. 调节栅压“U_G”旋钮时，应使亮度适中，过亮会损坏荧光屏。

2. 在高压接线柱接线时，必须先关闭电源，并单手操作，以防触电。

【思考题】

1. 用示波器观察一频率约为 200 Hz 的未知信号波形，问信号应从何处（X 轴或 Y 轴）输入？X 扫描频率旋钮应放在什么位置为宜？

2. 用示波器观察信号波形时，若荧光屏上出现如图 17-8 所示的图形，问哪些旋钮的位置可能不对，应如何调节？

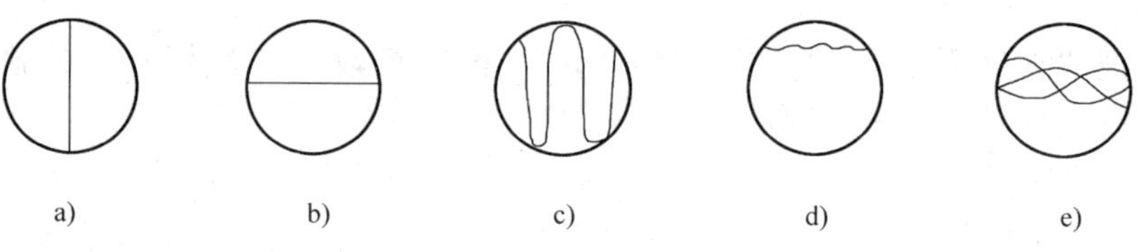

图 17-8

3. 在图 17-9 所示的李萨如图形中的 f_x/f_y 是多少？

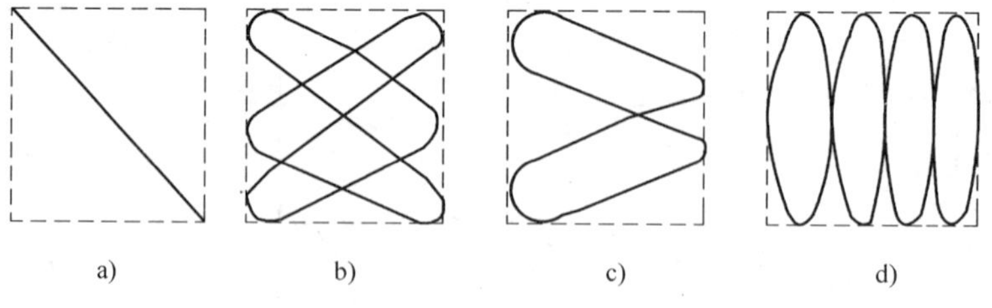

图 17-9

实验十八　用玻尔共振仪研究受迫振动

在机械制造和建筑工程等科技领域中，受迫振动所导致的共振现象引起了工程技术人员极大的注意。它既可产生破坏作用，但也有许多应用价值。例如，众多的电声器件，就是运用共振原理设计制作的。此外，在微观科学研究中，“共振”也是一种重要的研究手段，如利用核磁共振和顺磁共振研究物质结构等。

共振性质是由受迫共振的振幅——频率特性和相位——频率特性（简称幅频和相频特性）表征的。

本实验中，采用玻尔共振仪定量测定机械受迫振动的幅频和相频特性，并利用频闪方法来测定动态的物理量——相位差。

【实验目的】

1. 研究玻尔共振仪中弹性摆轮受迫振动的幅频和相频特性。
2. 研究不同阻尼力矩对受迫振动的影响，观察共振现象。
3. 学习用频闪法测定运动物体的某些物理量，如相位差。

【实验原理】

物体在周期性外力的持续作用下发生的振动称为受迫振动，这种周期性的外力称为强迫力。如果外力是按简谐振动规律变化，那么稳定状态时的受迫振动也是简谐振动，此时，振幅保持恒定，振幅的大小与强迫力的频率、原振动系统无阻尼时的固有振动频率及阻尼系数有关。在受迫振动状态下，系统除了受到强迫力的作用外，同时还受到回复力和阻尼力的作用。所以，在稳定状态时物体的位移、速度变化与强迫力变化不是同相位的，存在相位差。当强迫力频率与系统的固有频率相同时产生共振，此时振幅最大，相位差为90°。

实验采用摆轮在弹性力矩作用下自由摆，在电磁阻尼力矩作用下作受迫振动来研究受迫振动的特性，可直观地显示机械振动中的一些物理现象。

实验所采用的玻尔共振仪的外形结构如图 18-3 所示。当摆轮受到周期性强迫外力矩 $M = M_0\cos\omega t$ 的作用，并在有空气阻尼的介质中运动时$\left(\text{阻尼力矩为} -b\dfrac{\mathrm{d}\theta}{\mathrm{d}t}\right)$，其运动方程为

$$J\frac{\mathrm{d}^2\theta}{\mathrm{d}t^2} = -k\theta - b\frac{\mathrm{d}\theta}{\mathrm{d}t} + M_0\cos\omega t \tag{18-1}$$

式中，J 为摆轮的转动惯量；$-k\theta$ 为弹性力矩；M_0 为强迫力矩的幅值；ω 为强迫力的圆频率。

令 $\omega_0^2=\dfrac{k}{J}$，$2\beta=\dfrac{b}{J}$，$m=\dfrac{M_0}{J}$，则式（18-1）变为

$$\frac{\mathrm{d}^2\theta}{\mathrm{d}t^2}+2\beta\frac{\mathrm{d}\theta}{\mathrm{d}t}+\omega_0^2\theta=m\cos\omega t \tag{18-2}$$

式中，β 为阻尼系数；ω_0 为系统的固有频率；m 为强迫力矩。当 $m\cos\omega t=0$ 时，式（18-2）即为阻尼振动方程；当 $\beta=0$，即在无阻尼情况时，式（18-2）变为简谐振动方程。

方程（18-2）的通解为

$$\theta=\theta_1\mathrm{e}^{-\beta t}\cos(\omega_0 t+\alpha)+\theta_2\cos(\omega t+\varphi_0) \tag{18-3}$$

由式（18-3）可见，受迫振动可分为两部分：

第一部分，$\theta_1\mathrm{e}^{-\beta t}\cos(\omega_0 t+\alpha)$ 表示阻尼振动，经过一定时间后衰减消失。

第二部分，说明强迫力矩对摆轮做功，向振动体传递能量，最后达到一个稳定的振动状态，其振幅为

$$\theta_2=\frac{m}{\sqrt{(\omega_0^2-\omega^2)^2+4\beta^2\omega^2}} \tag{18-4}$$

它与强迫力矩之间的相位差 φ 为

$$\varphi=\arctan\frac{2\beta\omega}{\omega_0^2-\omega^2}=\arctan\frac{\beta T_0^2 T}{\pi(T^2-T_0^2)} \tag{18-5}$$

由式（18-4）和式（18-5）可看出，振幅 θ_2 与相位差 φ 的数值取决于强迫力矩 m、频率 ω、固有频率 ω_0 和阻尼系数 β 四个因素，而与振动起始状态无关。

由 $\dfrac{\partial}{\partial\omega}[(\omega_0^2-\omega^2)^2+4\beta^2\omega^2]=0$ 极值条件可得出，当受迫力的圆频率 $\omega=\sqrt{\omega_0^2-2\beta^2}$ 时产生共振，θ 有极大值。若共振时的圆频率和振幅分别用 ω_r，θ_r 表示，则

$$\omega_r=\sqrt{\omega_0^2-2\beta^2} \tag{18-6}$$

$$\theta_r=\frac{m}{2\beta\sqrt{\omega_0^2-2\beta^2}} \tag{18-7}$$

式（18-6）和式（18-7）表示，阻尼系数 β 越小，共振时圆频率越接近于系统固有频率，振幅也越大。图 18-1 和图 18-2 表示出在不同 β 时受迫振动的幅频和相频特性。

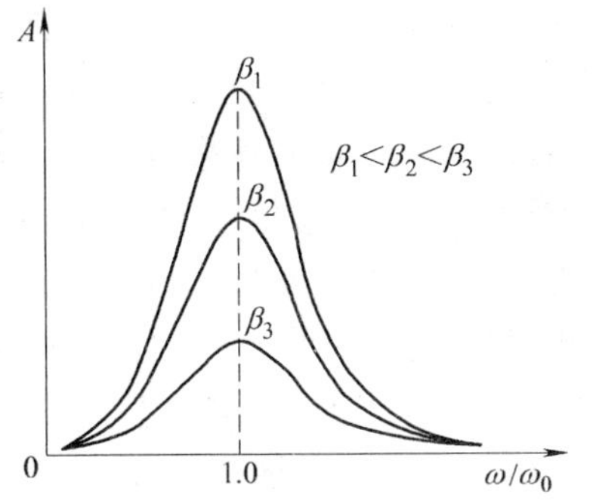

图 18-1　受迫振动的幅频特性

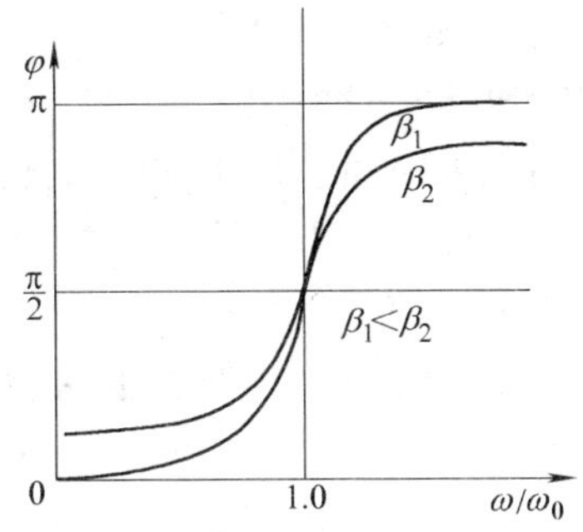

图 18-2　受迫振动的相频特性

【实验仪器】

BG—2 型玻尔共振仪由振动仪与电器控制箱两部分组成。振动仪部分如图18-3所示。铜质圆形摆轮 A 安装在机架上，弹簧 B 的一端与摆轮的轴相连，另一端可固定在机架支柱上，在弹簧弹性力的作用下，摆轮可绕轴自由往复摆动。在摆轮的外围有一卷槽型缺口，其中一个长形凹槽 C 比短形凹槽 D 长出许多。在机架上对准长型缺口处有一个光电门 H，它与电气控制箱相连接，用来测量摆轮的振幅（角度值）和摆轮的振动周期。在机架下方有一对带有铁心的线圈 K，摆轮 A 恰巧嵌在铁心的空隙中。利用电磁感应原理，当线圈中通过直流电流后，摆轮受到一个电磁阻尼力的作用，改变电流的数值即可使阻尼大小相应变化。为使摆轮做受迫振动，在电动机轴上装有偏心轮，通过连杆机构 E 带动摆轮 A。在电动机轴上装有带刻线的有机玻璃转盘 F，它随电机一起转动，由它可以从角度读数盘 G 读出位相差

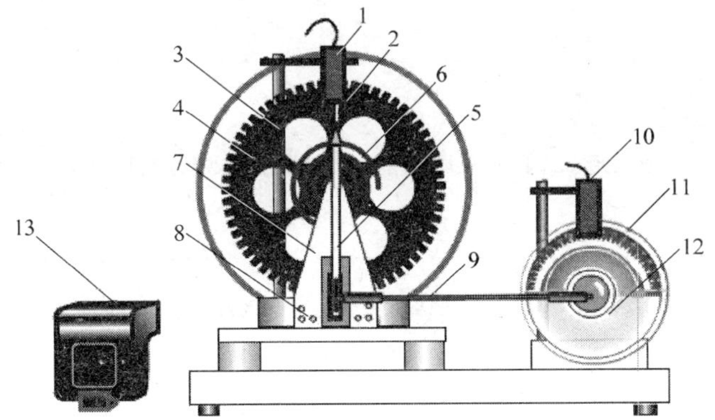

图 18-3　BG—2 型玻尔共振仪振动仪

1—光电门 H　2—长凹槽 C　3—短凹槽 D　4—铜质摆轮 A　5—摇杆 M
6—蜗卷弹簧 B　7—支撑架　8—阻尼线圈 K　9—连杆 E　10—光电门 I
11—角度盘 G　12—有机玻璃转盘 F　13—闪光灯

φ。调节控制箱上的十圈电机转速调节旋钮，可以精确改变加于电机上的电压，使电机的转速在实验范围（30～45 r/min）内连续可调，由于电路中采用特殊稳速装置，电动机采用惯性很小的带有测速发电机的特种电机，所以转速极为稳定。电机的有机玻璃转盘 F 上装有两个挡光片。在角度读数盘 G 中央上方 90°处也装有光电门（强迫力矩信号），并与控制箱相连，以测量强迫力矩的周期。

受迫振动时摆轮与外力矩的相位差 φ 利用小型闪光灯来测量。闪光灯受摆轮信号光电门 H 控制，每当摆轮上长型凹槽 C 通过平衡位置时，光电门 H 接受光，引起闪光。在稳定情况时，在闪光灯照射下可以看到有机玻璃指针 F 好像一直"停在"某一刻度处，这一现象称为频闪现象，所以此数值可方便地直接读出，误差不大于2°。

摆轮振幅是利用光电门 H 测出摆轮 A 外圈上凹型缺口个数，并由数显装置直接显示出此值，精度为2°。

玻尔共振仪电气控制箱的前面板和后面板分别如图 18-4 和图 18-5 所示。

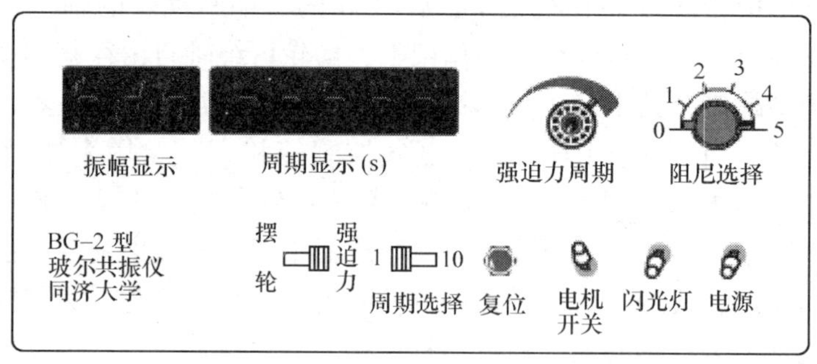

图 18-4 BG—2 型玻尔共振仪电气控制箱前面板

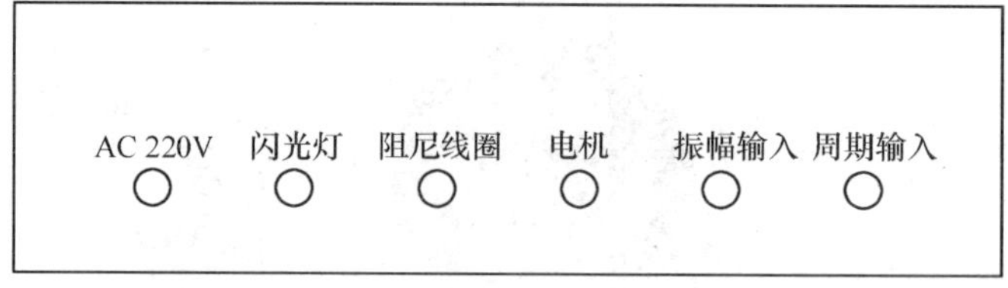

图 18-5 BG—2 型玻尔共振仪电气控制箱后面板

控制箱前面板的"振幅显示"窗三位数字显示摆轮的振幅。"周期显示"窗 5 位数字显示时间，计时精度为 10^{-3}s。利用面板上"摆轮，强迫力"和"周期选择"开关，可分别测量摆轮强迫力矩（即电动机）的单次和 10 次周期所需时间。"复位"按钮仅在 10 个周期时起作用，测单次周期时会自动复位。

"强迫力周期"旋钮系带有刻度的十圈电位器，调节此旋钮时可以精确改变电机转速，即改变强迫力矩的周期。刻度仅供实验时做参考，以便大致确定强迫力矩周期值在多圈电位器上的相应位置。

“阻尼选择”开关可以改变通过阻尼线圈内直流电流的大小，达到改变摆轮系统的阻尼系数。选择开关分为6挡，“0”挡阻尼电流为零；“1”挡阻尼电流最小，约为0.3 A左右；“5”挡阻尼电流最大，约为0.6 A。阻尼电流采用15 V稳压装置提供，实验时选用位置根据情况而定（可先选择在“2”处，若共振振幅太小可用“1”，切不可放在“0”处），振幅不大于150。

“闪光灯”开关用来控制闪光，当揿下按钮时，摆轮长缺口通过平衡位置时便产生闪光，由于频闪现象，可从相位差读数盘上看到刻度线似乎静止不动的读数（实际上有机玻璃转盘F上刻度线一直在匀速转动），从而读出相位差数值。为使闪光灯管不易损坏，采用按钮开关，仅在测量相位差时才揿下按钮。

“电机开关”用来控制电机是否转动，在测定阻尼系数β和摆轮固有频率ω_0与振幅关系时，必须将电机关断。

电气控制箱与闪光灯和玻尔共振仪之间通过各种专用电缆相连接，可避免接线错误。

【实验内容】

1. 测定阻尼系数β

（1）将“阻尼选择”开关拨向实验时挡位（通常选取“2”挡或“3”挡，并在测量过程中保持挡位不变），调节铜质摆轮长凹槽和指针均位于光电门中央。

注意： 在实验过程中不能任意改变“阻尼选择”开关挡位，也不能随意将整机电源切断，否则由于电磁铁现象将引起β值变化，只有在某一阻尼系数β的所有实验数据测试完毕，要改变β值时才允许拨动此开关，这点是至关重要的。

（2）拨动摆轮使之做衰减振动，测量连续10个周期的θ与T，用逐差法求出阻尼系数β。

从振幅显示窗读出摆轮做阻尼振动时的振幅数值θ_0，θ_1，θ_2，…，θ_n，利用公式

$$\ln\frac{\theta_0 e^{-\beta t}}{\theta_0 e^{-\beta(t+nT)}} = n\beta T = \ln\frac{\theta_0}{\theta_n} \tag{18-8}$$

对所测数据按逐差法处理，求出β值。式（18-8）中n为阻尼振动的周期次数；θ_n为第n次振动时的振幅；T为阻尼振动周期的平均值（可先测出摆轮10次振动的周期值，然而取其平均）。

注意： ①进行本项内容时，电机电源必须切断。

②θ_0通常选取在130°~150°之间。为避免手动误差，不记录第一次摆动的相关数据。

2. 测定受迫振动的幅频特性和相频特性曲线

保持“阻尼选择”开关在原挡位不变，打开电机开关，使电机带动摆轮做受迫振动。待振动稳定时，记录振幅值 θ 和周期值 T，并利用频闪法测定受迫振动时摆轮角位移与强迫力矩间的相位差 φ（$\Delta\varphi$ 控制在 10°左右）。改变电动机的转速，即改变强迫力矩频率 ω，逐点测出 θ，T，φ，从而得到该阻尼条件下的幅频特性曲线（$\theta \sim \omega/\omega_r$）和相频特性曲线（$\varphi \sim \omega/\omega_r$）。

注意：①在共振点附近由于曲线变化较大，因此测量数据要相对密集些。

②“强迫力周期”旋钮上的读数是一参考数值，建议在不同 ω 时都记下此值，以便实验中快速寻找要重新测量的数据时参考。

3. 测定摆轮的振幅 θ 与固有周期 T_0 之间的关系

切断电机电源，调节阻尼为 0，使摆轮做自由摆动，对应实验步骤 2 中的各振幅数据，测定铜质摆轮的固有周期 T_0。

（注：虽然在理论上，弹簧的弹性系数 k 为常数，与扭转振幅无关，但在实际中，由于制造工艺及材料性能的影响，k 值随角度的改变而略有微小的变化，因而造成在不同振幅时系统的固有周期 T_0 略有变化。）

【思考题】

1. 受迫振动的振幅和相位差与哪些因素有关？
2. 实验中采用什么方法来改变阻尼力矩的大小？它利用了什么原理？
3. 实验中是怎样利用频闪原理来测定相位差的？

【附录】

实验数据记录表（参考）

附表 18-1-1　阻尼系数 β 的测量

阻尼开关位置________

	振幅（°）		振幅（°）	$\ln\frac{\theta_i}{\theta_{i+5}}$
θ_0		θ_5		
θ_1		θ_6		
θ_2		θ_7		
θ_3		θ_8		
θ_4		θ_9		
			平均值	

$10T=$__________；$\overline{T}=$__________

$$\beta=\ln\frac{\theta_i}{\theta_{i+5}}\cdot\frac{1}{5\overline{T}}=$$

附表 18-1-2　幅频特性和相频特性

阻尼开关位置________

振幅 θ（°）	强迫力矩周期 T/s	弹簧对应固有周期 T_0/s	相位差测量值 φ（°）	相位差计算值 $\varphi=\arctan\dfrac{\beta T_0^2 T}{\pi(T^2-T_0^2)}$	$\dfrac{\omega}{\omega_0}=\dfrac{T_0}{T}$
⋮	⋮	⋮	⋮	⋮	⋮

附表 18-1-3　摆轮振幅与周期关系

振幅 θ（°）	固有周期 T_0/s	固有 ω_0/s^{-1}
⋮	⋮	⋮

实验十九 阿贝成像原理和空间滤波

早在1873年，阿贝（E. Abbe，1840—1905）在德国蔡司光学器械公司研究如何提高显微镜的分辨本领问题时，就提出了相干成像的原理，他的发现不仅从波动光学的角度解释了显微镜的成像机理，明确了限制显微镜分辨本领的根本原因，而且由于显微镜（物镜）两步成像的原理本质上就是两次傅里叶变换，阿贝成像原理的提出被认为是现代傅里叶光学的开端。通过本实验可以把透镜成像与干涉、衍射联系起来，初步了解透镜的傅里叶变换性质，从而有助于对现代光学信息处理中的空间频谱和空间滤波等概念的理解，能够对相干成像的机理、频谱的分析做出深刻的解释。同时，这种简单模板作滤波的方法，直到今天在图像处理中仍然有广泛的应用价值。

【实验目的】

1. 了解阿贝成像原理。
2. 理解傅里叶光学中的空间频率、空间频谱和空间滤波等概念。
3. 了解空间滤波的应用。

【实验原理】

1. 阿贝成像原理

在相干平行光照明下，显微镜的物镜成像可以分成两步：①入射光经过物的衍射在物镜的后焦面上形成夫琅禾费衍射图样；②衍射图样作为新的子波源发出的球面波在像平面上相干叠加成像。

阿贝提出的二次衍射成像过程，经过计算可以证明实质上是以复振幅分布描述的物光函数 $U(x,y)$，经傅里叶变换成为焦平面（频谱面）上按空间频谱分布的复振幅——频谱函数 $U'(v_x,v_y)$。频谱函数再经傅里叶逆变换即可获得像平面上的复振幅分布——像函数 $U''(x'',y'')$。也就是说透镜本身就具有实现傅里叶变换的功能。第一个步骤起的作用就是把光场分布变为空间频率分布，而第二个步骤是又一次傅里叶变换将 $U''(x'',y'')$ 又还原到空间分布 $U(x,y)$。物是空间不同频率的信息的集合，第一次傅里叶变换是分频的过程，第二次傅里叶逆变换是合频的过程，形成新的不同频率的信息的集合——像。

如果这两次傅里叶变换完全是理想的，信息在变换过程中没有损失，则像和物完全相似。但由于透镜的孔径是有限的，总有一部分衍射角度较大的高次成分（高频信息）不能进入物镜而被丢弃了。所以物所包含的超过一定空间频率的成分就不能包含在像上。如果高频信息没有到达像平面，则无论显微镜有多大的放大倍数，也不能在像平面上分辨这些细节。这是显微镜分辨率受到限制的根本原因。

为便于说明这两步傅里叶变换，先以熟知的一维光栅作物，考察其刻痕经凸透镜成像情况，如图 19-1 所示，单色平行光束透过置于物平面 xOy 上的光栅（刻痕顺着 y 轴，垂直于 x 轴）后，衍射出沿不同方向传播的平行光束，其波阵面垂直于 xOz 面（z 沿透镜光轴），经透镜聚焦，在其焦平面 $x'O'y'$ 上形成沿 x' 轴分布的各具不同强度的衍射斑，继而从各斑点发出的球面光波到达像平面 $x''O''y''$，相干叠加形成的光强分布就是光栅刻痕的放大实像。

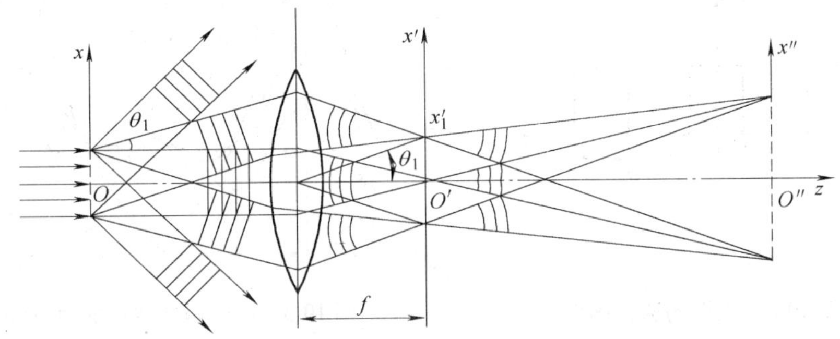

图 19-1　阿贝成像原理

处理同频率光波相干叠加问题，人们只关注光扰动在空间位置上的振幅和相位，这时采用复振幅描述比较方便。若某位置光振动方程 $E = A\cos(\omega t+\varphi)$ 可用 $Ae^{i(\omega t+\varphi)} = Ae^{i\varphi}e^{i\omega t}$ 的实部表示，其中 $Ae^{i\varphi}$ 即为复（数）振幅，它同时表达了光的振幅大小和相位情况。因此对空间一平面的光波振动的振幅和相位可用复数振幅分布函数

$$U(x,y) = A(x,y)e^{i\varphi}(x,y) \tag{19-1}$$

来描述，若只考虑光强相对值，则光强分布

$$I(x,y) = [A(x,y)]^2 = U(x,y)U^*(x,y) \tag{19-2}$$

式中，U^* 是 U 的共轭复数。

把复振幅概念用于光栅衍射，上述 xOy 面上单色平行光振幅和相位都是常量，可设复振幅 $U_1 = 1$，在通过光栅时受光栅透过函数 $t(x)$ 的调制，形成物光场

$$U(x,y) = U_1 t(x) = t(x) \tag{19-3}$$

设光栅周期为 d（光栅常量），透光的缝宽为 a，则透过函数

$$t = \begin{cases} 1 & \text{当}\left(pd-\dfrac{a}{2}\right) < x < \left(pd+\dfrac{a}{2}\right)\text{时}\quad(p\text{ 为整数}) \\ 0 & \text{其他 } x \text{ 值} \end{cases} \tag{19-4}$$

其他 x 值显然是沿 x 轴的周期函数，如图 19-2 所示。与时间周期函数相区别，称它为空间周期函数，d 就是空间周期。仿照时间频率，也可定义空间频率为 $\nu_x = 1/d_x$，空间圆频率 $k_x = 2\pi/d = 2\pi\nu_x$。在光学中，空间频率表示单位长度内复振幅的

重复次数。对三维空间沿任意方向复振幅的周期性，可用 x、y、z 坐标轴的空间周期（空间频率）分量表达。

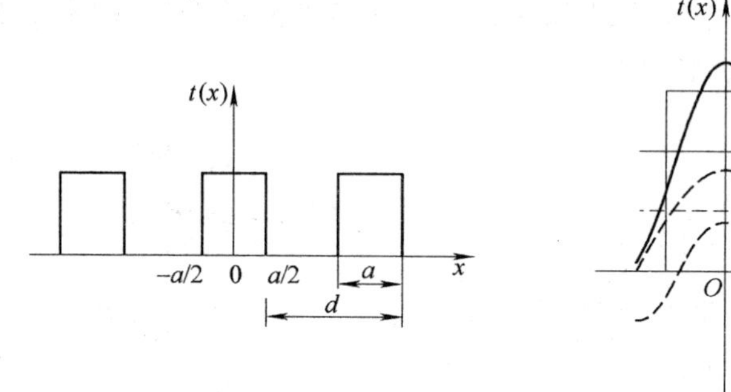

图 19-2　光栅的透过函数

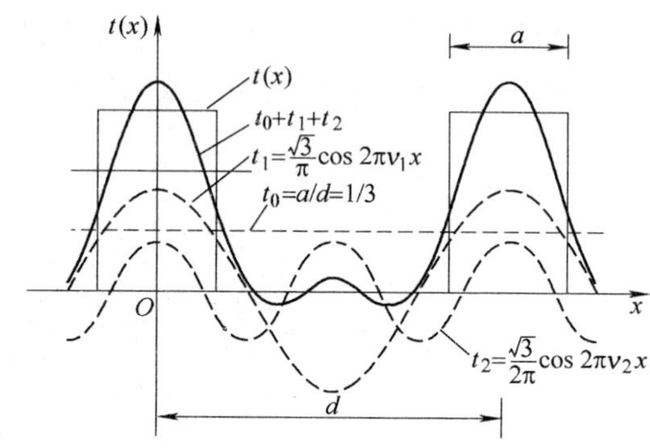

图 19-3　$t(x)$函数波形的傅里叶合成

把周期函数 $t(x)$ 展成傅里叶级数，即

$$t_x = t_0 + \sum_{n=1}^{\infty} a_n \cos(2\pi\nu_n x) + \sum_{n=1}^{\infty} b_n \sin(2\pi\nu_n x) \tag{19-5}$$

式中，n 取整数；$\nu_1 = 1/d$（基频）；$\nu_2 = 2\nu_1 = 2/d$（二倍频）……这就把 $t(x)$ 表示为一系列简谐函数之和，各项系数 a_n 和 b_n 反映不同空间频率的谐函数在函数 $t(x)$ 内所占的成分，即 $t(x)$ 的频谱。各值表示为

$$t_0 = \frac{1}{d}\int_{-a/2}^{a/2} t(x)\,\mathrm{d}x = \frac{1}{d}\int_{-a/2}^{a/2}\mathrm{d}x = \frac{a}{d} \tag{19-6}$$

$$a_n = \frac{2}{d}\int_{-a/2}^{a/2} t(x)\cos(2\pi\nu_n x)\,\mathrm{d}x \tag{19-7}$$

$$b_n = \frac{2}{d}\int_{-a/2}^{a/2} t(x)\sin(2\pi\nu_n x)\,\mathrm{d}x \tag{19-8}$$

由于 $t(x)$ 是偶函数，因而所有 $b_n = 0$，

$$a_n = \frac{2}{d}\int_{-a/2}^{a/2} t(x)\cos(2\pi\nu_n x)\,\mathrm{d}x = \frac{2a}{d}\,\frac{\sin(n\pi a/d)}{n\pi a/d} \tag{19-9}$$

于是

$$t(x) = \frac{a}{d} + \sum_{n=1}^{\infty} \frac{\sin(n\pi a/d)}{n\pi a/d}\cos(2\pi\nu_n x)$$

图 19-3 给出 $a/d = 1/3$ 时前 3 项之和的函数形状，上式复数形式即光栅衍射光波的

复振幅

$$U(x) = A_0 + \sum_{n=1}^{\infty} A_n^{i2\pi\nu_n x} \tag{19-10}$$

式中，$A_0 = a/d$，是 $\nu_x = 0$ 的平面波成分，波阵面垂直于 z 轴，经透镜会聚在焦平面的 O'处，即零级衍射斑。由光栅方程衍射极大值方向角公式并参照图 19-4 可知 $\sin\theta_n/\lambda = n/d = \nu_n$，即不同空间频率的谐函数对应不同方向传播的平面波，被透镜会聚于焦平面上成为各级衍射斑，其振幅 A_n 值表示出 $U(x)$的频谱成分，所以透镜的后焦面也称频谱面。若各级衍射斑在此面的位置关系为 $\pm x_n$，在傍轴条件下有 $\sin\theta_n \approx x_n'/f$($f$ 是透镜焦距)，故

$$\nu_n = \frac{x_n'}{f\lambda} \tag{19-11}$$

从而把频谱面上的位置坐标与空间频率联系了起来，$|x'|$的大与小对应着物光信息空间频率的高与低。衍射斑的光强对应着物光中该频谱成分光波振幅的平方。

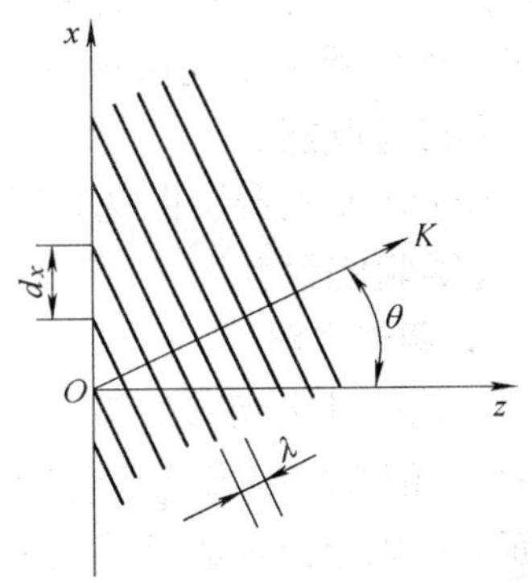

图 19-4　平面波方向与空间周期

若把物从光栅推广到一般情况，以 $U(x,y)$ 表示物平面上物光的复振幅分布，经过傅里叶变换同样可以分解成以各种不同振幅向空间各个方向传播的平面波，被透镜会聚于频谱面的不同位置处。不难想象，若物函数不是简单的周期函数，这种分解也将变成连续频谱函数$U'(x',y')$，频谱面上坐标(x',y')点对应的空间频率 $\nu_x = x'/\lambda f$，$\nu_y = y'/\lambda f$。傅里叶变换以积分形式表达为

$$U(x,y) = C\iint U'(\nu_x \nu_y)\, \mathrm{e}^{i2\pi(\nu_x x+\nu_y y)}\, \mathrm{d}\nu_x \mathrm{d}\nu_y \tag{19-12}$$

其中

$$U'(x,y) = C'\iint U(x,y)\, \mathrm{e}^{-i2\pi(\nu_x x+\nu_y y)}\, \mathrm{d}x\mathrm{d}y$$

式中，C 及 C'是常数。

把频谱函数 $U'(\nu_x,\nu_y)$再做一次逆变换即获得像函数 $U''(x'',y'')$，可以证明在理想的变换条件下有

$$U''(x'',y'') = (\lambda f)^2 U(x,y) \tag{19-13}$$

表明像场函数与物函数完全相似。

在透镜实际成像过程中，受透镜孔径所限，总会有一部分角度较大的衍射光（高频信息）不能进入透镜而失去，从而使像的边界变得不锐，细节变得模糊。

2. 空间滤波

概括地说，上述成像过程分两步：先是“衍射分频”，然后是“干涉合成”。所以如果着手改变频谱，必然引起像的变化。在频谱面上做的光学处理就是空间滤波。最简单的方法是用各种光阑对衍射斑进行取舍，达到改造图像的目的。

限制高频成分的光阑构成低通滤波器。低通滤波器的作用是只让接近零级的低频成分通过而除去高频成分，可用于滤除高频噪声（例如，消除照片中的网文或减轻颗粒影响，如图 19-5 所示）。

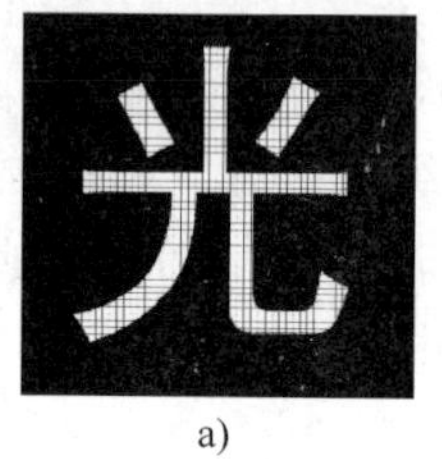

a)

b)

图 19-5 低通滤波

若只阻挡低频成分而让高频成分通过，称高通滤波器。高通滤波器限制连续色调从而强化锐边，有助于细节观察。高级的滤波器可以包括各种形状的孔板、吸收板和移相板等。

【实验仪器】

He-Ne 滤光器、白光光源、扩束器、准直透镜、滤波器等。

【实验内容】

1. 调节光路

实验的基本光路如图 19-6 所示。由透镜 L_1 和 L_2 组成 He-Ne 激光器的扩束器（相当于倒置的望远镜系统），以获得较大截面的平行光束。L_3 是傅里叶透镜，像平面上可以用白屏或毛玻璃屏。

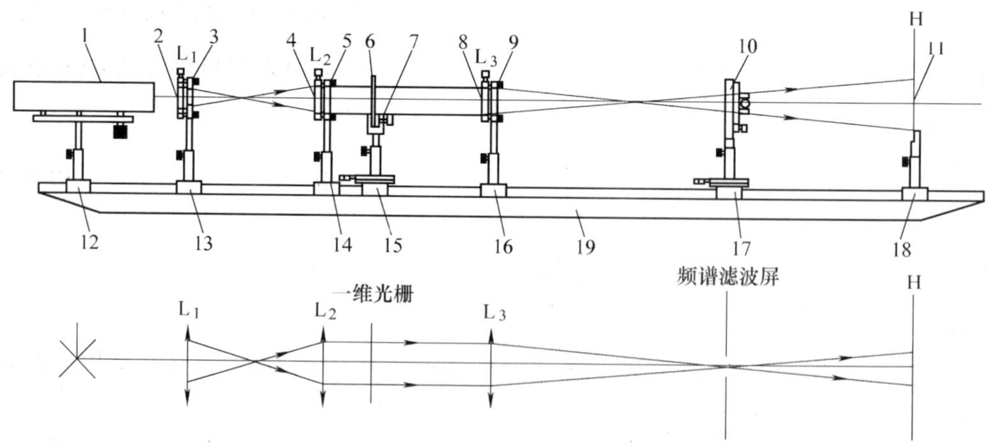

图 19-6 仪器实物图及原理图

1—He-Ne 激光器 2—扩束镜 L_1：f_1 = 4.5 mm 3—二维调整架 4—准直镜 L_2：f_2 = 190 mm 5—二维调整架 6—一维光栅 7—干板架 8—傅里叶透镜 L_3：f_3 = 150 mm 9—二维调整架 10—频谱滤波器 11—白屏 12、13、14、15、16、17、18—滑块 19—导轨

调节步骤：

（1）调激光管的俯仰角和转角，使光束平行于光学平台水平面。

（2）加上 L_1 和 L_2，调共轴和相对位置，使通过该系统的光束为平行光束。

（3）加上物（带交叉栅格的“光”字）和透镜 L_3，调共轴和 L_3 位置，在 2 m 以外的光屏上找到清晰的像之后，定下物和 L_3 的位置（此时物位接近 L_3 的前焦面）。

2. 观测一维光栅的频谱

（1）在物平面上换置一维光栅，用白屏（固定白屏架 SZ-50）在 L_3 的后焦面附近缓慢移动，确定频谱光点最清晰的位置，锁定纸屏座。

（2）记录 0 级和 ±1，±2，…级衍射光点的中心位置，然后关闭激光器，用白屏上的刻度测量各级光点与 0 级光点间的距离 $\pm x_1'$，$\pm x_2'$，…，利用式

$$f_x = \frac{x'}{\lambda f} \tag{19-14}$$

求出相应各空间频率 f_{x_1}，f_{x_2}，…，并由基频 $f_{x_1}\left(f_{x_1} = \dfrac{1}{d}\right)$ 求出光栅常量 d。

	位置 x'/mm	空间频率/(1/mm)
一级衍射		
二级衍射		
三级衍射		

（3）观察像平面上的竖直栅格像，在频谱面上置放可调狭缝或其他光阑，如图 19-7b、c、d、e 所示，先后挡住频谱的不同部位，分别观察并记录像面上成像的特点及条纹间距（特别注意图 19-7d 和图 19-7e 两种条件下成像的差异），试做简要的解释。

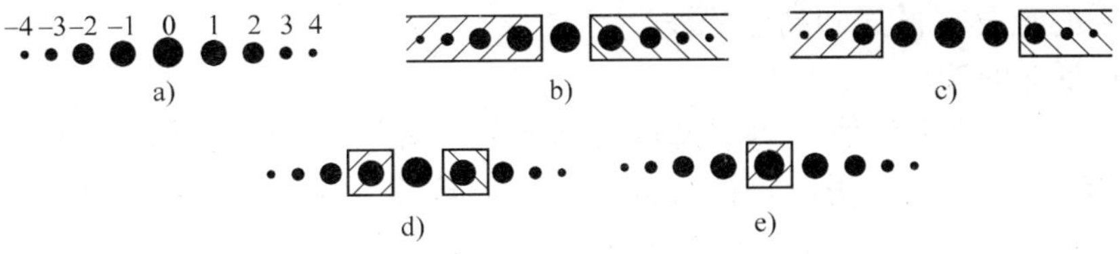

图 19-7　一维竖直光栅频谱

分别按下面要求选择通过不同的频率成分做观察记录。

顺　　序	频 谱 成 分	成像情况说明	现 象 解 释
A	全部		

（续）

顺　　序	频谱成分	成像情况说明	现象解释
B	0 级		
C	0，±1 级		
D	除 ±1 级以外		
E	除零级外		

3. 方向滤波

将一维光栅换成二维正交光栅，如图 19-8 所示。在频谱面观察这种光栅的频谱。再分别用小孔和不同取向的可调狭缝光阑，让频谱的一个或一排（横排、竖排及 45°斜向）光点通过。

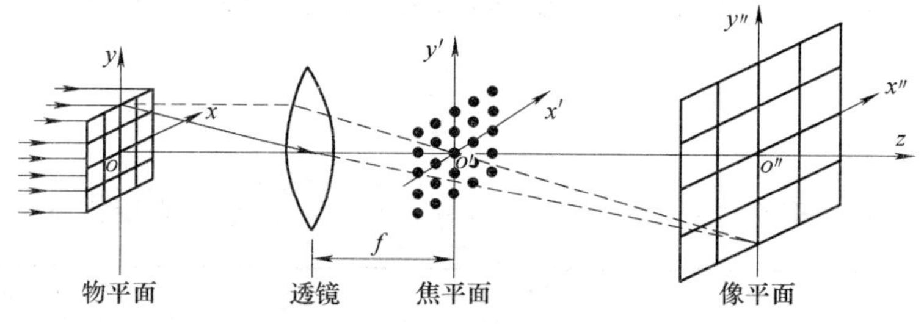

图 19-8　正交光栅的二步成像

记录像的特征，做简单解释，填入表格。

狭缝光阑	成像特征	现象解释
横排		
竖排		
45°斜向		

4. 空间滤波（低通和高通滤波）

（1）低通滤波

把一个带正交网格的透明字模板（透明的“光”字内有叠加的网格）置于成像光路的物平面，试分析此物信号的空间频率特征（字对应非周期函数，有连续频谱，笔画较粗，其频率成分集中在光轴附近；网格对应周期函数，有分立谱），试验滤除像的网格成分的方法。

把一个可变圆孔光阑放在频谱面上，使圆孔由大变小，直到像面网格消失为止。字形仍然存在。试做简单解释。

（2）高通滤波

将一个透光十字屏放在物平面上，从像平面观察放大像。然后在频谱面上置一圆屏光阑，挡住频谱面的中部，再观察和记录像面变化。

将以上空间滤波实验中的物、频谱和像列成表并加以图示说明。

顺　　序	频谱成分	成像情况说明	现象解释
低通滤波			
高通滤波			

5. θ 调制

θ 调制是用不同取向的光栅对物平面的各部位进行调制（编码），通过特殊滤波器控制像平面相当部位的灰度（用单色光照明）或色彩（用白光照明）的方法。例如，图 19-9 花、叶和天分别由三种不同取向的光栅组成，相邻取向的夹角均为 120°。如果用较强的白炽灯光源，每一种单色光成分通过图案的各组成部分，都将在透镜 L_3 的后焦面上产生与各部分对应的频谱，合成的结果，除中央零级是白色光斑外，其他级皆为具有连续色分布的光斑。你可以在频谱面上置一光阑，先辨认各行频谱分别属于物图案中的哪一部分，再按配色的需要选定衍射的取向角，即在光阑的相应部位用可调小孔透光，就能在毛玻璃屏上得到预期的彩色图像（如红花、绿叶和蓝天）。

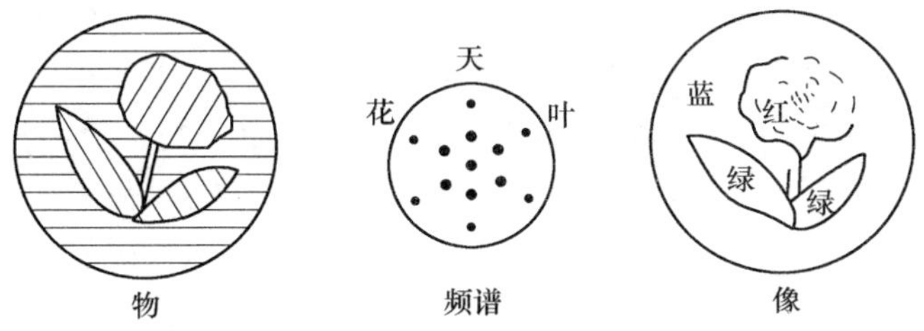

图 19-9　θ 调制实验的物、频谱和像

实验中采用天安门图案作为 θ 调制板。

调节步骤：

（1）把全部器件按顺序摆放在导轨上，靠拢后目测调至共轴。

（2）将光源 S 放于准直镜 L_1 的物方焦距 F_1 处，并使从 L_1 出来的平行光垂直照射在 θ 调制板上。

（3）将屏置于离 θ 调制板 1 m 处，前后移动 L_2，使 θ 调制板的图像清晰地成在屏上。

（4）在付氏面上加入 θ 调制频谱滤波器，在 θ 调制频谱滤波器上看到光栅的衍射图样。三行不同取向的衍射极大值是相对于不同取向的光栅，也就是分别对应于图像的天空、房子和草地，这些衍射极大值除了 0 级波没有色散以外，一级、二级……都有色散，由于波长短的光具有较小的衍射角，一级衍射中蓝光最靠近 0 级极大，其次为绿光，而红光衍射角最大。

（5）调节 θ 调制频谱滤波器上滑块的通光宽度和通光位置，使相应于草地的一级衍射图上的绿光能透过成像物镜 L_3 将彩色像成像在屏上，用同样的方法，使相应于房子一级衍射的红光和相应于天空部分的一级衍射的蓝光能透过，这时候在屏幕上的像就会出现蓝色的天空、红色的房子和绿色的草地。

【注意事项】

1. 请勿用手触摸透镜，光学元件要轻拿轻放。

2. 注意 L_1、L_2 相对位置调解，保证从 L_2 出射光束为平行光束。

【思考题】

1. 如何从阿贝成像原理来理解显微镜的分辨本领？提高物镜的放大倍数能够提高显微镜的分辨本领吗？

2. 阿贝成像原理与光学空间滤波有什么关系？

3. 高频信息反映物的细节还是轮廓？

实验二十　全 息 照 相

全息术是利用光的干涉和衍射原理，将物体发射的特定光波以干涉条纹的形式记录下来，并在一定的条件下使其再现，形成原物体逼真的立体像。由于记录了物体的全部信息（振幅和相位），因此称为全息术或全息照相。

全息术是英国科学家丹尼斯·加伯（Dennis Gabor）在1948年为提高电子显微镜的分辨率，在布喇格（Bragg）和泽尼克（Zemike）工作的基础上提出的。由于需要高度相干性和高强度的光源，直到1960年激光出现，以及1962年利思（Leith）和厄帕特尼克斯（Upatnieks）提出离轴全息图以后，全息术的研究才进入一个新的阶段，相继出现了多种全息方法，开辟了全息应用的新领域，成为光学的一个重要分支。

全息术发展到现在可以分为四代：第一代是用水银灯记录同轴全息图。这是全息术的萌芽时期，其主要问题是再现像和共轭像不能分离，以及没有好的相干光源。第二代是用激光记录、激光再现，以及利思和厄帕特尼克斯提出离轴全息图，把原始像和共轭像分离。第三代是激光记录白光再现的全息术。其主要有反射全息、像全息、彩虹全息及合成全息，从而使全息术在显示方面显出其优越性。第四代即当前所致力的方向，是试图利用白光记录全息图，已初步做了一些工作。

【实验目的】

1. 了解全息照相的基本原理和实验装置。
2. 掌握拍摄全息图的实验方法。
3. 学会全息片的再现观察，了解全息照相的特点。

【实验原理】

全息照相分两步，波前记录和波前再现。波前记录是将物体射出的光波与参考光波相干涉，用照相的方法将干涉条纹记录下来，称为全息图或全息照片，这一过程叫作造图过程。全息图具有光栅状结构，当用原记录时用的参考光或其他相干光照射全息图时，光通过全息图后发生衍射，其衍射光波与物体光波相似，构成物体的再现像。

1. 全息图的记录

全息图记录的一般光路如图20-1所示。激光器输出的光束用分束器（1）分为两束。反射的一束经全反镜（6）反射到全息底片（5）上作为参考光；

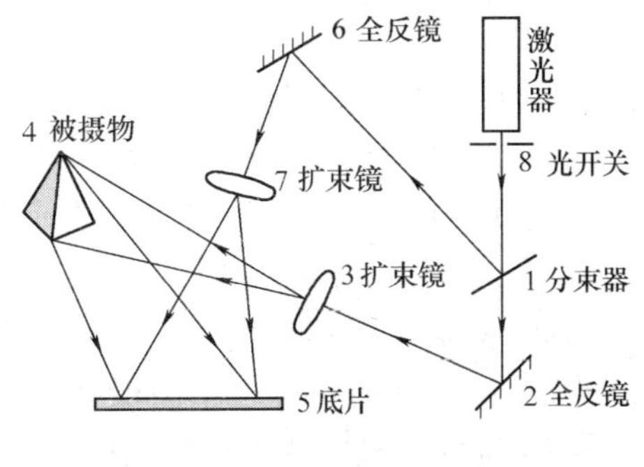

图　20-1

透射的一束经全反镜（2）反射到物体上，再经物体表面漫反射，作为物光射到全息底片上。参考光与物光相干涉。在这种干涉场中的全息底片经曝光、显影和定影处理以后，就将物光波的全部信息（振幅和相位）以干涉条纹的形式记录下来。这就是波前记录过程。所得到的全息图实际是一种较复杂的光栅结构。

2. 全息图的再现

拍摄好的全息底片放回原光路中，用参考光波照射全息片时，经过全息底片衍射后得到零级光波，从全息底片透射而出；另外在两侧有正一级衍射和负一级衍射光波存在。人眼迎着正一级衍射光看去，可看到一个与被拍物体完全一样的立体的无失真的虚像。在负一级位置上，可用屏接收到一个实像，称为共轭像，如图20-2所示。

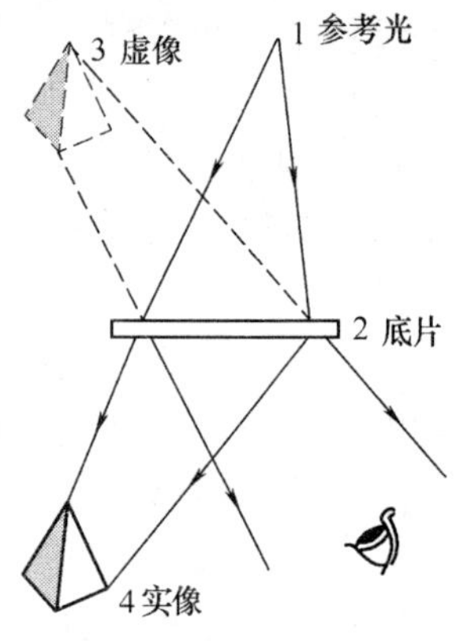

图 20-2

3. 全息图的特点

全息照相有以下几个特点：①三维立体像。因为记录的是光波的全部信息，即振幅与相位同时记录在全息片上。②全息照片可以分割。打碎的全息照片仍能再现出原被拍物体的全部形象。因为任一小部分全息图记录的干涉图像是由物体所有点漫射来的光与参考光相干涉而成的。③全息图的亮度随入射光强弱而变化。再现光越强，像的亮度越大，反之就暗。④一张全息片可以多次曝光。可以转动底片角度拍摄多次。再现时做同样转动，不同角度会出现不同图像。也可以不转动底片而改变被拍物的状态进行多次曝光，再现时可观察到状态的变化情况。

4. 在拍摄全息图时，物光和参考光的光程差 Δ 等于零最理想

当物光和参考光在底片上任一点相遇时，光强度 I 仅依赖于两束光的光程差 Δ。当 $\Delta=d_2-d_1=k\lambda$ 时，光强度 I 最大，得亮条纹；当 $\Delta=d_2-d_1=(k+1/2)\lambda$ 时，光强度 I 最小，得暗条纹。式中的 k 为整数。而干涉条纹的调制度定义为

$$M=\frac{I_{\max}-I_{\min}}{I_{\max}+I_{\min}}$$

当 $M=1$ 时，调制度最好。而 M 与光程差 Δ 以及激光管模数 n 是奇数还是偶数有关。若激光管长为 L，而 L 在 200 ~ 300 mm 之间时，可以认为是单纵模，$n=1$。因此计算出 $\Delta=0$ 时，干涉条纹在奇数或偶数时 M 都为 1，调制度最好。当然，$\Delta=2kL$ 时，也可得到同样的结果。但在光路调节中，后者较麻烦，一般不用。所以，我们采 $\Delta=0$ 这个光程差。实际上，在调节光路中，不能严格达到光程差为零，只要 $\Delta<0.5\sim2$ cm 时，即可拍出很好的全息照片。

5. 提高全息图衍射效率的途径

衍射效率可分为两大类型：由杨氏衍射原理获得的衍射效率属于振幅型（吸

收型），由折射率变化获得的衍射效率属于相位型。全息潜像用显、定影处理时，一般获得振幅型，其中相位型成分很低。因为振幅型衍射效率受干版颗粒大小、全息图的处理工艺及拍照时的参、物光比等因素影响，反差不能太大，衍射效率只有6%左右。要提高衍射效率，采用漂白处理，使振幅型变化为相位型。另外在底片处理工艺中，采用非漂白的相位型显影。因为相位型显影使围绕显影核中心形成的银聚团足够小，处于亚微观状态。那么这种银颗粒本身就可以逐渐变成透明体，从而产生折射率变化，形成相位型衍射。当然还可以采用其他非银盐干版，作全息照相记录介质来提高衍射效率。除此之外，还可以用高衍射效率的其他材料记录全息图。

【实验仪器】

JQS-1A 型激光全息照相实验台（包括：防震台、分束镜、反射镜、扩束镜、底片夹、载物台、光开关等）、He-Ne 激光器、被摄物、显影液、定影液、水盘、软夹等。

【实验内容】

1. 拍摄漫反射全息图

（1）调整光路。按图 20-1 或自己选择的光路布置光学元件，使物光与参考光夹角约为 30°～45°。分束器（1）为透过率 95% 的平板，以满足参、物光比为 1∶1～10∶1，具体调节分以下两步。

调节光学元件的螺钉，使光束基本同高。调节扩束镜（3）的位置，使扩束后的光均匀照亮被摄物体，但光斑不能太大，以免浪费能量。在底片夹（5）上放一张白纸，调节底片夹位置，使白纸上出现物体漫反射来的最强光。挡住物光，调节全反镜（6），使反射光与物光中心反射到底片的光之间的夹角约为 30°～45°。并经扩束镜（7）后，最强的光均匀地照亮底片夹上的白纸。

调整光程差 Δ 等于零或近似为零。调节参考光的全反镜（6），尽量使物光与参考光等光程，即用软质米尺从分束器（1）量起，使物光光程：(1)→(2)→(3)→(4)→(5)等于参考光光程：(1)→(6)→(7)→(5)。

（2）曝光。调好光路后，打开曝光定时器，选择预定的曝光时间（按所用干版特性要求和激光强度确定曝光量）。让曝光定时器遮光，取下底片夹白纸，装上干版（药面向被摄物体）。稳定 1 min 后，打开曝光定时器进行曝光。等光开关自动关闭后，取下干版冲洗。

（3）冲洗干版。冲洗方法分两种：

振幅型显影处理。显影液用 D-19（或稀释 5～6 倍，适当延长显影时间）。按普通胶卷冲洗方法进行操作。恒温 20 ℃左右，显影时间约 5 min。在暗绿色安全灯下观看，当干版曝光部分呈现黑色斑纹时即可取出。停显 30 s 后，用定影液定影，5 min 后取出。在流水中冲洗 3～5 min 放在阴凉处晾干，即得到拍照好的全息片。定影液可用 F-5 坚膜定影液。

相位型显影处理。显影液用 D-76，原液加水 8 ~ 10 倍，使浓度降低。显影温度提高到 25 ~ 30 ℃，显影时间 4 ~ 5 min。在暗绿色安全灯下观看，曝光部分呈红褐色，即可停显，30 s 后进行定影处理。定影 3 ~ 4 min 进行水洗，在流水中冲洗 3 ~ 5 min，放在阴凉处晾干，即得到一张相位型全息图。定影液仍用 F-5 坚膜定影液。

冲洗干版完毕后在白炽灯下观看彩带。把底片倒转 90°，在 60 W 或 100 W 的白炽灯下观看。透过干版向药膜方向看去，同时上下转动底片。在某一位置上看到一片彩色光斑或光栅彩带条纹，说明已记录上了全息信息。全息片衍射效率愈高，彩带就愈亮，反之就暗。若彩带暗，振幅型处理的干版可通过漂白处理变成相位型，从而提高衍射效率，彩带变亮。但相干噪声增加，稳定性下降。相位型非漂白显影处理的干版，一般衍射效率都比振幅型的高。若亮度仍不够，说明显影时间不合适，改变显影时间，必须重新拍摄，使衍射效率达到最佳为止。

(4) 漂白处理。一般振幅型显影处理时,全息图上积聚的银颗粒大,光几乎不能通过。漂白处理后,其上的银颗粒变成透明的银化合物。如 AgBr, AgI, $AgFe(CN)_3$(铁氰化银)等。这些银盐与明胶的折射率差别较大,产生相位衍射,所以亮度增加。漂白处理使用的漂白液种类很多,习惯用硫酸铜漂白液。使用方法是:将全息底片(冲洗加工过的)用清水浸湿。用夹子牢固夹住未曝光部分,放在漂白液中漂洗。看到黑色银粒变白时,及时取出。在流水中冲洗 30 min 以上,把剩余物冲洗掉,以便保存。冲洗时要保护药膜,水不能直接冲在药膜上。然后晾干,即得相位型全息照片。

2. 全息图的再现观察

(1)虚像观察。拍摄好的全息片,按图 20-3 放回原拍摄位置。让拍照时的参考光照明底片,这时,透过玻璃面向原物体看去,在原物体位置上有与原物体完全逼真的三维像(被拍物已取走),这个像称为真像或虚像。

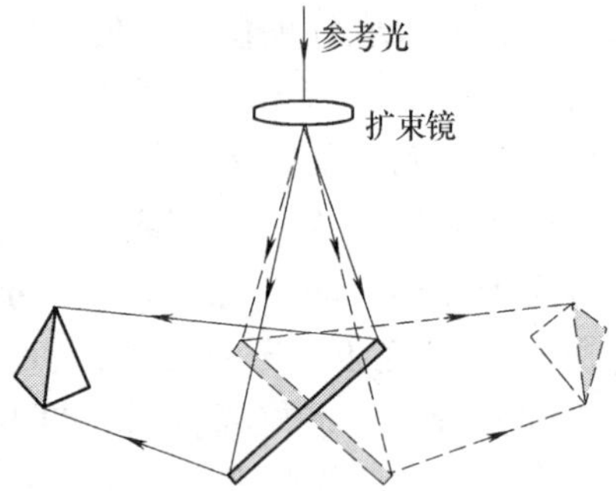

(2)观察共轭像。相对于参考光轴转动全息片,透过玻璃向物体对称方向看,这时得到一个深度反转,物像倒立且有失真的共轭虚像(见图 20-3 右边的像)。

图 20-3

(3)无失真的实像观察。把全息片前后翻转 180°,即药膜面向观察者,相当于照明光逆转照明。眼睛向原物体方向看去,这时看到一个失真的虚像。转动底片,在这个像的对称位置上得到一个无失真的实像。把屏放在人眼位置上,可以得到一个亮点。将屏后移,在屏上可看到实像,但光强变弱,要仔细才能看清。

(4)用细光束扫描观察实像。通常利用未扩束的激光直射在全息片上,全息片也得翻转 180°，药膜朝向观察者，并且转动全息片，使它在原来拍照的角度上，用毛玻璃在一级衍射的反方向上得到清晰的实像。移动光点，全息图似乎在随光点运动。毛玻璃与全息片之间的距离不同，所得到的像的大小和清晰度也不同。

【注意事项】

1. 实验时不能身靠木框，曝光过程中要保持安静。

2. 实验时要细心，动作要轻，在装底片前，应仔细检查光路。

3. 冲洗干版时要注意观察底片颜色以掌握反差。

4. 光学元件表面要注意防尘、防水汽，不可任意触摸。

【思考题】

1. 全息照相与普通照相有什么不同？为了拍出一张较理想的全息图，应具备哪些实验条件？

2. 全息片的主要特点是什么？

【附录】

原 理 引 申

为便于理解，一般是以单色平面波进行分析的，但实际上是用单色球面波进行拍摄的，因此，有进一步定量分析的必要。

设球面光波的复数表达式为

$$\mu(x,y,z,t)=A(x,y,z)\exp\{-\mathrm{i}[\omega t-\varphi(x,y,z)]\} \tag{20-1-1}$$

其中因子 $e^{-i\omega t}$ 表示光场随时间的变化，在讨论单色光时可以不明显的写出。这样，光场的空间分布可以用复振幅 $\widetilde{U}(x,y,z)$ 表示为

$$\widetilde{U}(x,y,z)=A(x,y,z)e^{i\varphi(x,y,z)}$$

式中，$A(x,y,z)$ 和 $\varphi(x,y,z)$ 分别表示空间某点的振幅和相位。

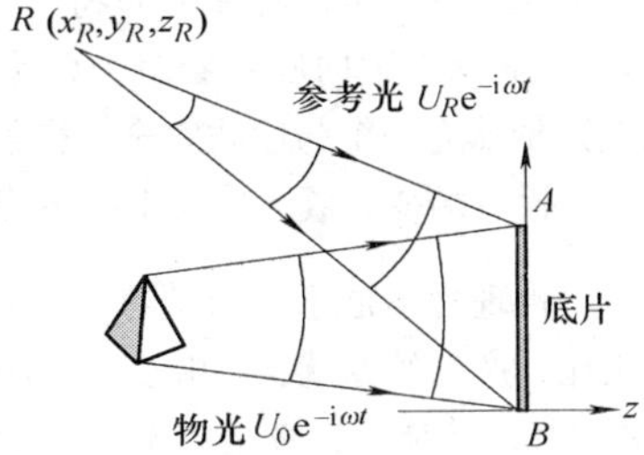

将全息底片放在 xy 平面上（即 $z=0$），见附图 20-1-1，令 $A=1$，参考光的源点在 $R(x_R,y_R,z_R)$，从这一点发出的球面波复振幅为

$$\widetilde{U}_R(x,y,z)=\frac{1}{|\boldsymbol{r}-\boldsymbol{R}|}\exp\left[\mathrm{i}\frac{2\pi}{\lambda}|\boldsymbol{r}-\boldsymbol{R}|\right] \tag{20-1-2}$$

附图　20-1-1

其中 $\boldsymbol{r}$ 为空间某一点的位置矢量。在底片所在平面（$z=0$）上，光场分布为

$$\widetilde{U}_R(x,y,0)=\frac{1}{\sqrt{(x-x_R)^2+(y-y_R)^2+z_R^2}}\exp\left[\mathrm{i}\frac{2\pi}{\lambda}\sqrt{(x-x_R)^2+(y-y_R)^2+z_R^2}\right]$$

或简单写为

$$\widetilde{U}(x,y,0)=\widetilde{U}_R(x,y)=A_R(x,y)\mathrm{e}^{\mathrm{i}\varphi_R(x,y)} \tag{20-1-3}$$

物光在底片上的复振幅可写为

$$\widetilde{U}_0(x,y)=A_0(x,y)\mathrm{e}^{\mathrm{i}\varphi 0(x,y)}$$

因此，在底片上总的光强分布为

$$I(x,y)=[\widetilde{U}_R(x,y)+\widetilde{U}_0(x,y)][\widetilde{U}_R^*(x,y)+\widetilde{U}_0^*(x,y)]$$

其中 $\widetilde{U}^*$ 表示 $\widetilde{U}$ 的共轭复数。

$$\widetilde{U}^*(x,y)=A(x,y)\mathrm{e}^{-\mathrm{i}\varphi(x,y)}$$

$$I(x,y)=A_R^2+A_0^2+A_RA_0\mathrm{e}^{\mathrm{i}(\varphi_0-\varphi_R)}+A_RA_0\mathrm{e}^{-\mathrm{i}(\varphi_0-\varphi_R)} \tag{20-1-4}$$

式（20-1-4）中第一、二项分别为参考光和物光照到底片上的光强。后两项由物光和参考光干涉产生，作为干涉条纹记录在底片上。

记录全息片时，要适当控制底片的曝光量和显影时间，使显影后底片的振幅的透过率和曝光量呈线性关系，即

$$T(x,y)=T_0-KI(x,y)$$

式中，T_0、K 是常数；$T(x,y)$ 为底片上某点的透过率。

将显影、定影后的全息底片放回原来记录时的位置上，并以从 **R** 发出的球面波作为再现光照在全息片上，则透过全息底片在 $z=0$ 平面上的复振幅分布为

$$\widetilde{U}(x,y)=T(x,y)\widetilde{U}_R(x,y,0)=T_0\widetilde{U}_R(x,y)-KI(x,y)\widetilde{U}_R(x,y)$$

将式（20-1-3）和式（20-1-4）代入上式，得

$$\widetilde{U}(x,y)=(T_0-KA_R^2-KA_0^2)\widetilde{U}_R(x,y)-KA_R^2A_0\mathrm{e}^{\mathrm{i}\varphi 0}-KA_R^2A_0\mathrm{e}^{\mathrm{i}(2\varphi_R-\varphi_0)}$$

在上式中，右面第一项是近似衰减了的重现光，也就是零级衍射波。第二项 $KA_R^2A_0\mathrm{e}^{\mathrm{i}\varphi_0}=KA_R^2\widetilde{U}_0$，其中 A_R 可近似地看作常数，这一项代表一级衍射光，它与记录全息时照在底片上的物光 $\widetilde{U}_0$ 一样（只差一系数）。眼睛从右边向底片看时，好像在原物处（原物已取走）依然有一个与原物完全一样的三维物体存在。这是一个没有畸变、放大率为 1 的虚像，如附图 20-1-2 所示。若再现光不是原来的参考光，这一项仅与 $\widetilde{U}_0$ 近似成正比，产生的像就会有畸变，大小亦有变化。第三项 $A_R^2A_0\mathrm{e}^{\mathrm{i}(2\varphi_R-\varphi_0)}$ 是 -1 级衍射波，它包含物光的共轭波。$\widetilde{U}_0^*=A_0\mathrm{e}^{-\mathrm{i}\varphi_0}$，这是一束会聚光，形成一个深度、左右、上下均倒反的实像。同时，这一项中因有 $\mathrm{e}^{\mathrm{i}2\varphi_R}$存在，使实像产生畸变。在一定条件下，$-1$ 级衍射形成的不是实像，而是另一虚像。

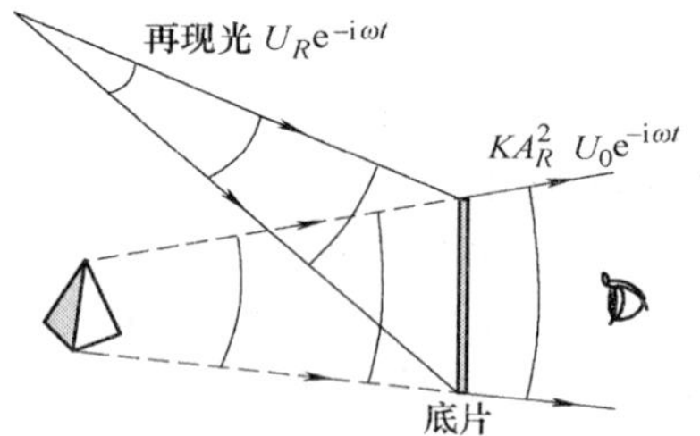

附图 20-1-2

若要得到一个没有畸变的实像，则应以原参考光的共轭光波 $\widetilde{U}_R^*$ 来照明全息片。知复振幅为

$\widetilde{U}_R^*$ 的光波的光振动表达式为

$$\mu = \widetilde{U}_R^* e^{-i\omega t}$$

将式(20-1-1)代入得

$$\mu = \frac{1}{|\boldsymbol{r}-\boldsymbol{R}|}\exp\left[-i\left(\frac{2\pi}{\lambda}|\boldsymbol{r}-\boldsymbol{R}|+\omega t\right)\right]$$

对于某一固定相位面,$\frac{2\pi}{\lambda}|\boldsymbol{r}-\boldsymbol{R}|+\omega t=$ 常数。显然,$|\boldsymbol{r}-\boldsymbol{R}|$ 越小,即越接近 $\boldsymbol{R}$ 点处,t 越大。可见,这是一束会聚的球面波,从玻璃面进入底片,会聚在 $\boldsymbol{R}(x_R, y_R, z_R)$ 点。容易证明 U_R^* 中第三项是 $KA_R^2\widetilde{U}_0^*$,恰好与原来物光的共轭波复振幅 U_0^* 成正比,这时在原来被拍物的位置形成一个无像差的实像,如附图 20-1-3 所示。而此时相对应的第二项给出一个畸变的虚像(或实像)。

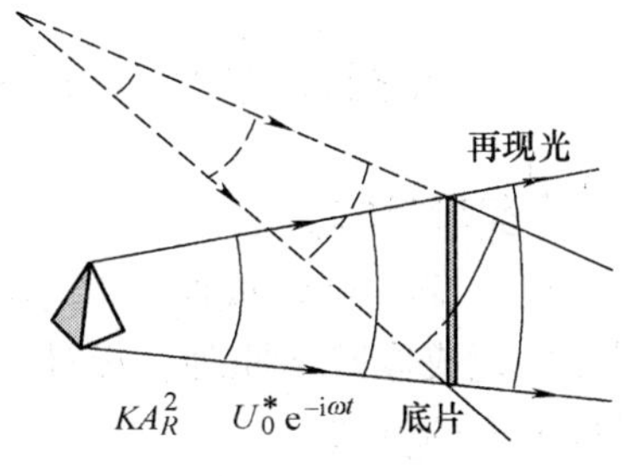

附图　20-1-3

实际上,由于底片乳胶厚度往往比干涉条纹大很多,所以不能把全息照片看为二维光栅,而是一个三维光栅。如果考虑到三维光栅的作用,则 +1 级和 -1级衍射不能同时存在。

第四章　第三层次实验

实验二十一　设计显微镜、望远镜、幻灯机实验

【实验目的】

1. 了解显微镜成像的基本原理和结构，理解显微镜放大倍数的计算公式，根据显微镜成像基本原理，设计一种放大率的显微镜，掌握显微镜的调节、使用和测量放大率的方法。

2. 了解望远镜成像的基本原理和结构，设计伽利略望远镜和开普勒望远镜，掌握其调节、使用和测量放大率的方法。

3. 了解幻灯机的原理和聚光镜的作用，掌握对透射式投影光路系统的调节方法。

【实验原理】

1. 显微镜

放大镜的放大率可以表示为$M=25/f$，其中f为放大镜的第二焦距。为了提高放大镜的放大倍数必须要减小放大镜的焦距，例如20倍的放大镜其焦距仅仅1.25 cm。物体到眼睛的距离也差不多是1.25 cm，这样的工作距离对许多工作是不方便的，在实际中也是不允许的。为了提高放大率的同时也能获得合适的工作条件，可以选用组合放大镜，即采用两个光学透镜组成的光学系统来代替单一的放大镜，这种组合的放大镜称为显微镜。

显微镜的光学系统如图21-1所示。L_1为显微镜的物镜，L_2为显微镜的目镜，人眼在目镜后面一定的位置上。F_1和F_1'分别为物镜的第一和第二焦点，F_2为目镜的第一焦点。F_1'和F_2之间的距离为Δ，称为光学间隔。将被观察物体AB放在物镜的第一焦点之外，于是物镜将长为y的物体AB在物镜的二倍焦距之外成一个倒立放大的实像$A'B'$。我们选取目镜的位置，使得这个像恰好位于目镜的焦点以内。像$A'B'$的大小等于物镜对物的放大率β与物体长度y的乘积，即βy，目镜对此实像起放大作用，从而在目镜之前的某一位置成一放大的虚像$A''B''$。虚像$A''B''$成为眼睛的物，它在视网膜上的像，就是眼睛通过显微镜对物AB所获得的最后的像。这个像对瞳孔的张角比在同样的距离上物体AB对瞳孔的张角大许多倍。

设s'为目镜到由它所成的虚像$A''B''$的距离，则虚像$A''B''$对眼睛瞳孔的张角ω_o可近似地写成

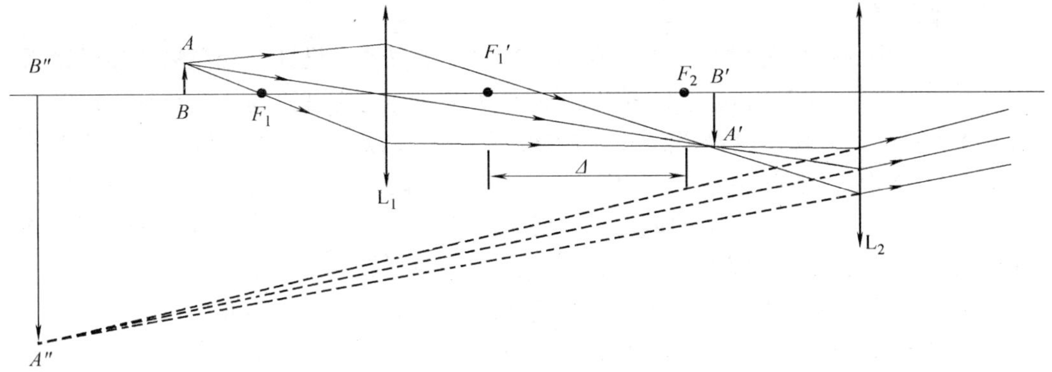

图 21-1　显微镜成像原理图

$$\omega_o = \frac{-\beta y}{-f_2} = \frac{-\beta y}{f_2'} \tag{21-1}$$

其中 f_2' 为目镜的第二焦距。

当物体 AB 处于 $A''B''$ 所在的平面时，它对人眼瞳孔的张角 ω_e 为

$$\omega_e = \frac{y}{-s'} \tag{21-2}$$

则得到显微镜的放大率为

$$M = \frac{\omega_o}{\omega_e} = \frac{-\frac{\beta y}{f_2'}}{\frac{y}{-s'}} = \beta \frac{s'}{f_2'} \tag{21-3}$$

式中，s'/f_2' 为目镜的放大率。可见显微镜的放大率等于物镜的放大率与目镜放大率的乘积。一般的显微镜镜头上分别刻有 5×，10× 等字样，可以由其乘积直接得知所用显微镜的放大率。在给定的情况下，物镜的垂轴放大率 β 近似等于物镜和目镜的光学间隔 Δ 除以物镜的第二焦距，即

$$\beta = \frac{-\Delta}{f_1'} \tag{21-4}$$

则显微镜的放大率

$$M = -\frac{\Delta}{f_1'} \frac{s'}{f_2'} \tag{21-5}$$

现代的显微镜，其光学间隔 Δ 均有定值，通常是 17 cm 或者 19 cm。一般人在用显微镜进行观察时，s' 约为 −25 cm，在这种情况下，由改变物镜目镜的焦距可得各种不同的放大率。当物镜和目镜都是组合系统时，则在放大率很高的情况下，仍能

获得清晰的像。

本实验中我们在光学平台上，利用已有的光学仪器，设计一套简易的显微镜系统。其原理与图21-1相同，其中物镜的焦距f很短，将所观察物体放在它前面距离略大于f的位置，物体经物镜放大后成一放大倒立实像，然后再用目镜作为放大镜观察这个中间像，物体应成像在目镜的第一焦点之内，经过目镜后在明视距离处成一放大的虚像。由于放大镜的最终目的还是为了分辨细节，所以显微镜除应有足够的放大率外，还要有相应的分辨本领。由光的衍射讨论可知，显微镜的分辨本领，取决于被观察物体发出的光在物镜的物空间的孔径角u和该光的波长λ，并且还与被观察物体所在的介质的折射率n有关。也就是显微镜的分辨本领正比于物空间的折射率和孔径角的正弦的乘积$n\sin u$，反比于波长λ。乘积$n\sin u$称为显微镜物镜的数值孔径。对于给定波长的光，物镜的数值孔径越大，则其分辨本领越高。通常在显微镜物镜上除刻有表示放大率的数字外，还刻有表示数值孔径的数字。例如，物镜上刻有N. A. 0.65字样，即表示该物镜的数值孔径$n\sin u=0.65$。

2. 望远镜

望远镜是帮助人眼对远处物体进行观察的光学仪器，观察者以对望远镜像空间的观察代替对本来的物空间的观察。由于望远镜的像空间的像对人眼的瞳孔的张角比在物空间的共轭角大，所以通过望远镜观察时，远处的物体似乎被移近，原来看不清楚的物体能被看清楚了。望远镜由两个共轴的光学系统组成，其中向着物体的系统称物镜，接近于人眼的系统称目镜。当用在观看无限远的物体时，如天文望远镜，物镜第二焦点与目镜的第一焦点重合，即两系统的光学间隔为零。当用在观看有限远的物体时，例如大地测量用的望远镜或观剧望远镜，两系统的光学间隔是一个不为零的小数量。作为一般的研究，可以认为望远镜是由光学间隔为零的两个共轴光学系统组成的。

若物镜和目镜的第二焦距均为正，就是开普勒望远镜，其成像原理如图21-2所示；若物镜的第二焦距为正，而目镜的第二焦距为负，就是所谓的伽利略望远镜，其成像原理如图21-3所示。来自无限远的物点发出的光束，在物镜上与望远镜光轴成不大的夹角ω，经望远镜物镜后光束被汇聚于物镜第二焦平面，此光束经目镜后成为与望远镜光轴有很大夹角ω_o的一束平行光，这表明望远镜对位于无限远的物体AB仍成像于无限远，不过却使原来与望远镜光轴成较小夹角ω的光束变成为与光轴成较大夹角ω_o的光束。按前述的关于放大率的概念，这就相当于是物体AB对人眼的张角变大，从而在视网膜上获得放大的像。由于位于无限远的物体AB对人眼瞳孔的张角ω_e实际上等于如图21-3中所画出的ω，所以望远镜的放大率为

$$M=\frac{\omega_o}{\omega_e}=\frac{\omega_o}{\omega} \tag{21-6}$$

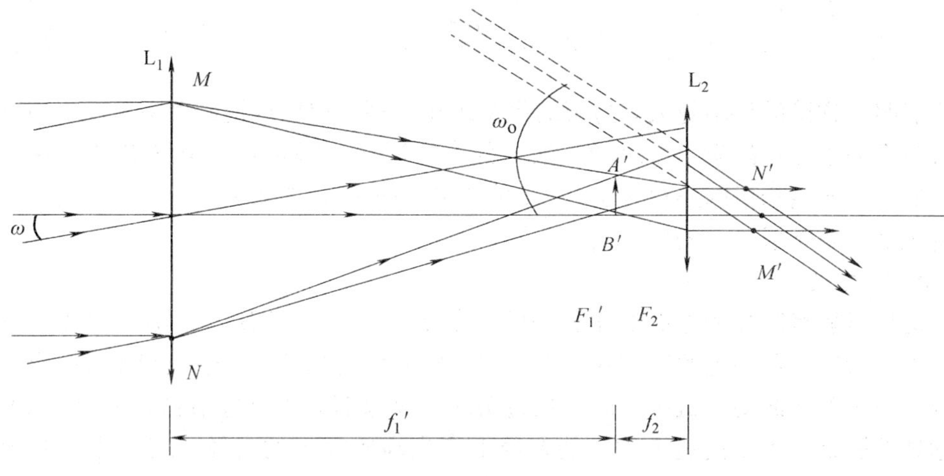

图 21-2　开普勒望远镜成像原理

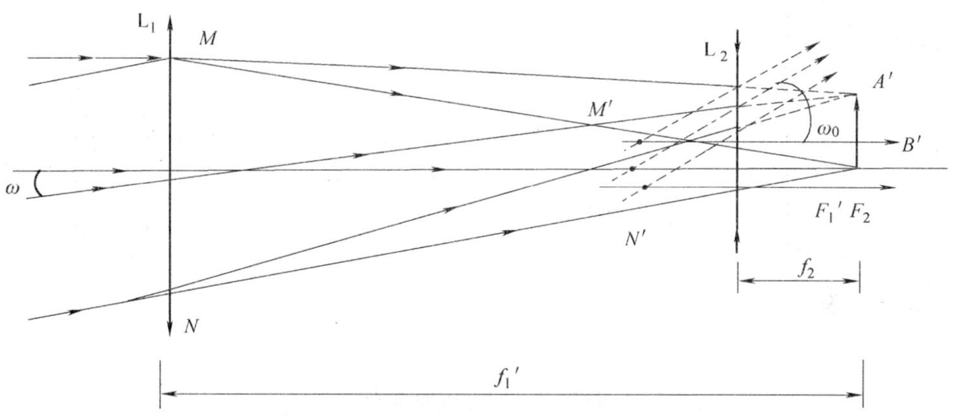

图 21-3　伽利略望远镜成像原理

ω 和 ω_e 恰巧为望远镜在物镜 MN 和他的像 $M'N'$处的一对共轭角，所以 ω 和 ω_e 的比值就是望远镜对物镜及其像的角放大率 γ_p，也就是望远镜的放大率 M 等于光瞳处的角放大率。其垂直轴放大率 β_p 很容易得出：

$$\beta_p = \frac{|M'N'|}{MN} = \frac{f_2}{f_1'} \tag{21-7}$$

由于物镜 MN 及其像 $M'N'$都在同一空气介质中，所以

$$\gamma_p = \frac{1}{\beta_p} \tag{21-8}$$

于是望远镜的放大率为

$$M=\gamma_{\mathrm{P}}=\frac{f_1{}'}{f_2}=-\frac{f_1{}'}{f_2{}'} \tag{21-9}$$

此式表明，物镜的焦距越大和目镜的焦距越小，则所得望远镜放大率越大。当物镜和目镜都为正焦距的光学系统时，如开普勒望远镜，则放大率 M 为负值，系统成倒立的像；而当物镜的焦距为正，目镜的焦距为负时，如伽利略望远镜，则放大率 M 为正值，系统成正立的像。

3. 幻灯机

幻灯机能将图片的像放映在远处的屏幕上，如图 21-4 所示，由于图片本身并不发光，所以要用强光照亮图片，因此幻灯机的构造总是包括聚光和成像两个主要部分，在透射式的幻灯机中，图片是透明的。成像部分主要包括物镜 L、幻灯片 P 和远处的屏幕。为了使这个物镜能在屏上产生高倍放大的实像，幻灯片 P 必须放在物镜 L 的物方焦平面外很近的地方，使物距稍大于 L 的物方焦距。

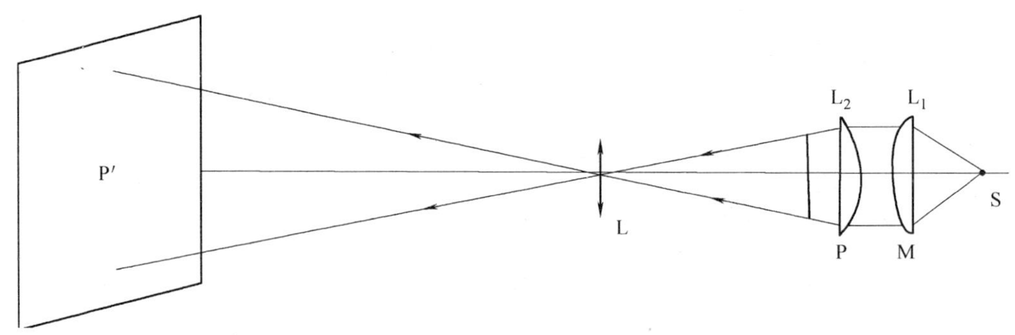

图 21-4 幻灯机原理光路

聚光部分主要包括很强的光源（通常采用溴钨灯）和透镜 L_1、L_2 构成的聚光镜。聚光镜的作用是一方面要在未插入幻灯片时，能使屏幕上有强烈而均匀的照度，并且不出现光源本身结构（如灯丝等）的像；一经插入幻灯片，能够在屏幕上单独出现幻灯图片的清晰的像。另一方面，聚光镜要有助于增强屏幕上的照度。因此，应使从光源发出并通过聚光镜的光束能够全部到达像面。为了这一目的，必须使这束光全部通过物镜 L，这可用所谓“中间像”的方法来实现。即聚光器使光源成实像，成实像后的那些光束继续前进时，不超过透镜 L 边缘范围。光源的大小以能够使光束完全充满 L 的整个面积为限。聚光镜焦距的长短是无关紧要的。通常将幻灯片放在聚光器前面靠近 L_2 的地方，而光源则置于聚光器后 2 倍于聚光器焦距之处。聚光器焦距等于物镜焦距的一半，这样从光源发出的光束在通过聚光器前后是对称的，而在物镜平面上光源的像和光源本身的大小相等。

【实验仪器】

1. 显微镜

光学平台、钠光灯光源、1/10 mm 分划板、物镜（$f_o=15$ mm），测微目镜（去掉其物镜头的读数显微镜）、相应的光具座。

2. 望远镜

光学平台、带有毛玻璃的白炽灯光源、毫米尺（$L=7$ mm）、物镜（凸透镜，$f_o=225$ mm）、测微目镜（去掉其物镜头的读数显微镜）、目镜（凹透镜）。

3. 幻灯机

光学平台、带有毛玻璃的白炽灯光源、聚光镜（$f_1=50$ mm）、幻灯底片、放映物镜（$f_2=190$ mm）、白屏。

【实验内容】

1. 组装显微镜实验

a）把全部器件按图 21-1 的顺序摆放在平台上，目测并将各光学元件调至光学共轴。

b）把物镜和物镜的间距固定为合适的数值。

c）沿标尺导轨前后移动分划板（紧挨毛玻璃装置，使分划板置于略大于物镜焦距的位置），直至在显微镜系统中看清分划板的刻线。

d）记录物镜和目镜的焦距以及他们之间的距离。

e）计算显微镜的放大倍数。

名称	f_1	f_2	Δ	M
长度/cm				

2. 组装望远镜实验

（1）搭建一台开普勒望远镜

a）把全部器件按图 21-2 的顺序摆放在平台上，靠拢后目测调至共轴。

b）把所观察物体毫米尺和目镜的间距调至最大，沿导轨前后移动物镜，直至可以通过目镜看到清晰的毫米尺上的刻线。

c）分别读出毫米尺、物镜和目镜的位置，并计算望远镜的放大率。

（2）搭建一台伽利略望远镜

a）把全部器件按图 21-3 的顺序摆放在平台上，靠拢后目测调至共轴。

b）把所观察物体毫米尺和目镜的间距调至最大，沿导轨前后移动物镜，直至可以通过目镜看到清晰的毫米尺上的刻线。

c）分别读出毫米尺、物镜和目镜的位置，并计算望远镜的放大率。

3. 组装幻灯机实验

a）把全部仪器按图 21-4 的顺序摆放在平台上，靠拢后目测调至共轴。

b）将成像物镜与光屏的间隔固定在间隔所能达到的最大位置，前后移动幻灯片，使其经物镜在屏上成一最清晰的像。

【注意事项】

1. 光学元件勿用手摸。

2. 各透镜面垂直于光学平台标尺。

【思考题】

1. 望远镜和放大镜的放大倍数与哪些因素有关?

2. 对于望远镜和放大镜，为了提高其望远和放大的本领，是否只需要提高其放大率就可以了?

3. 望远镜原理中提到目镜和物镜的焦点应该重合，请检查自己的实验结果与这一结论是否一致，并分析原因。

实验二十二　力学实验——桥梁振动研究实验

Pasco 系统在实验十三中已有介绍，这里不再重复。

【实验目的】

1. 熟悉 Pasco 科学实验系统，学会相关软件的使用。
2. 学会使用 ME—7003 大结构单元搭建各种结构。
3. 理解作用力与反作用力。
4. 验证机械能守恒定律。
5. 通过负载单元测量框架结构各部分的受力情况并进行分析。
6. 观察桥梁振动情况并利用负载单元测量桥梁的共振频率。

【实验原理】

1. 静力学

静力学是研究物体的平衡或力系的平衡的规律的力学分支。静力学一词是 P. 伐里农 1725 年引入的。按照研究方法，静力学分为分析静力学和几何静力学。分析静力学研究任意质点系的平衡问题，给出质点系平衡的充分必要条件。几何静力学主要研究刚体的平衡规律，得出刚体平衡的充分必要条件，又称刚体静力学。几何静力学从静力学公理（包括二力平衡公理、增减平衡力系公理、力的平行四边形法则、作用和反作用定律、刚化公理）出发，通过推理得出平衡力系应满足的条件，即平衡条件；用数学方程表示，就构成平衡方程。静力学中关于力系简化和物体受力分析的结论，也可应用于动力学。借助达朗贝尔原理，可将动力学问题化为静力学问题的形式。静力学是材料力学和其他各种工程力学的基础，在土建工程和机械设计中有广泛的应用。

静力学是力学的一个分支，它主要研究物体在力的作用下处于平衡的规律，以及如何建立各种力系的平衡条件。

平衡是物体机械运动的特殊形式，严格地说，物体相对于惯性参考系处于静止或做匀速直线运动的状态，即加速度为零的状态都称为平衡。对于一般工程问题，平衡状态是以地球为参考系确定的。静力学还研究力系的简化和物体受力分析的基本方法。

静力学相关公理：

（1）力的平行四边形法则

作用在物体上同一点的两个力，可合成一个合力，合力的作用点仍在该点，其大小和方向由以此两力为边构成的平行四边形的对角线确定，即合力等于分力的矢量和，如图 22-1 所示：

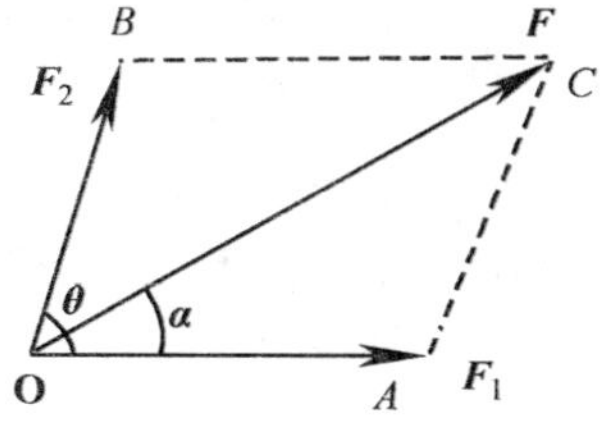

图　22-1

$$\boldsymbol{F}=\boldsymbol{F}_1+\boldsymbol{F}_2$$

此公理给出了力系简化的基本方法。

平行四边形法则是力的合成法则，也是力的分解法则。

（2）二力平衡公理

作用在刚体上的两个力，使刚体平衡的必要和充分条件是：两个力的大小相等，方向相反，作用线沿同一直线。

此公理揭示了最简单的力系平衡条件。

只在两力作用下平衡的刚体称为二力体或二力构件。当构件为直杆时称为二力杆。

（3）加减平衡力系公理

在已知力系上加上或减去任意平衡力系，并不改变原力系对刚体的作用。

此公理是研究力系等效的重要依据。

由此公理可导出下列推理：

推理1　力的可传性　作用在刚体上某点的力，可沿其作用线移动，而不改变它对刚体的作用。由此可知，力对刚体的作用取决于：力的大小、方向和作用线。在此，力是有固定作用线的滑动矢量。

推理2　三力平衡汇交定理　当刚体受到同平面内不平行的三力作用而平衡时，三力的作用线必汇交于一点。

（4）牛顿第三定律

两物体间的相互作用力大小相等，方向相反，作用线沿同一直线。

此公理概括了物体间相互作用的关系，表明作用力与反作用力成对出现，并分别作用在不同的物体上。

（5）刚化公理

变形体在某一力系作用下处于平衡时，如将其刚化为刚体，其平衡状态保持不变。

此公理提供了将变形体看作刚体的条件。将平衡的绳索刚化为刚性杆，其平衡状态不变。

2. 机械共振

共振是指机械系统所受激励的频率与该系统的某阶固有频率相接近时，系统振幅显著增大的现象。共振时，激励输入机械系统的能量最大，系统出现明显的振型，称为位移共振。此外还有在不同频率下发生的速度共振和加速度共振。

在机械共振中，常见的激励有直接作用的交变力、支承或地基的振动与旋转件的不平衡惯性力等。共振时的激励频率称为共振频率，近似等于机械系统的固有频率。对于单自由度系统，共振频率只有一个，当对单自由度线性系统做频率扫描激励试验时，其幅频响应图上出现一个共振峰。对于多自由度线性系统，有多个共振频率，激励试验时相应出现多个共振峰。对于非线性系统，共振区出现振幅跳跃现象，共振峰发生明显变形，并可能出现超谐波共振和次谐波共振。共振时激励输入系统的功同阻尼所耗散的功相平衡，共振峰的形状与阻尼密切相关。

在一般情况下共振是有害的，会引起机械和结构很大的变形和动应力，甚至造成破坏性事故，工程史上不乏实例。防共振的措施有：改进机械的结构或改变激励，使机械的固有频率避开激励频率；采用减振装置；机械起动或停车过程中快速通过共振区。另一方面，共振状态包含有机械系统的固有频率、最大响应、阻尼和振型等信息，在振动测试中常人为地再现共振状态，进行机械的振动试验和动态分析。此外，利用共振原理的振动机械，可用较小的功率完成某些工艺过程，如共振筛等。

3. 机械能守恒定律

在只有重力或弹力做功的物体系统内（或者不受其他外力的作用下），物体系统的动能和势能（包括重力势能和弹性势能）发生相互转化，但机械能的总能量保持不变。这个规律叫作机械能守恒定律。

【实验仪器】

Science Workshop　Interface 850（传感器数据采集接口电路）、计算机、ME—7003 大结构单元、负载单元。

【实验内容】

1. 桥梁搭建

ME—7003 大结构单元是 Pasco 结构系统的一部分，它可以和其他的结构系统联合使用。我们使用大结构单元可以搭建各种形状的框架结构，同时实验者也可以把负载单元加入到框架结构中去，这样我们就可以测量任何一个地方的受力情况。

（1）组合梁的安装方法

所有梁和连接器件的连接方式都是一样的，需要使用附送的螺钉把梁和连接器件固定在一起，如图 22-2 所示。

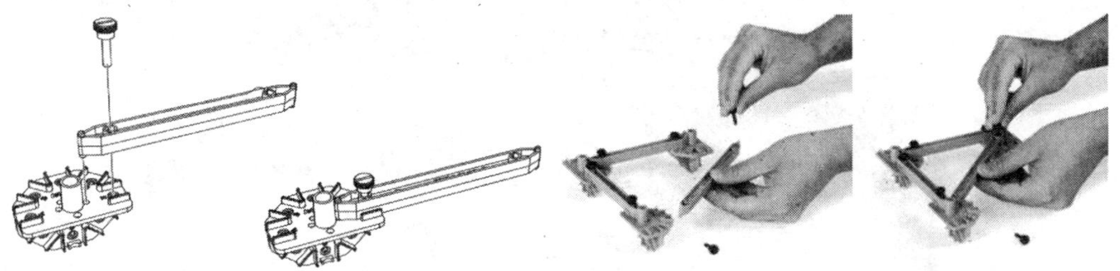

图 22-2　梁和连接器的固定方法

（2）负载单元的添加

为了能够测量结构中任何一部分所受的拉力以及压力情况，可以在 Pasco 结构中单独添加负载单元以实现测量。替换方法为：用两个短梁和一个负载单元替换一个较长的梁：

5 号梁 = 负载单元 + 两个 3 号梁；

4 号梁 =负载单元 + 两个 2 号梁；

3 号梁 =负载单元 + 两个 1 号梁。

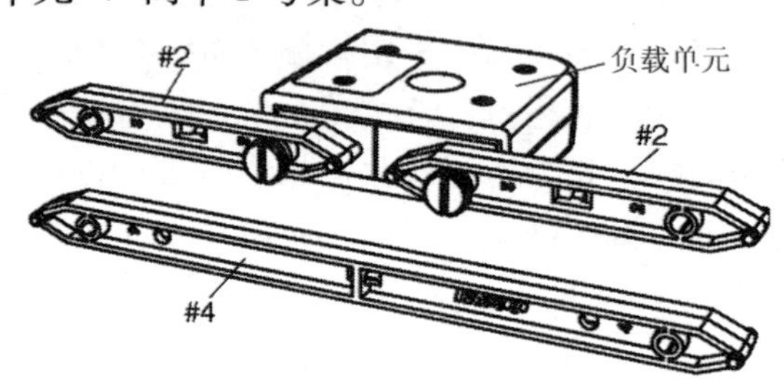

图 22-3 一个负载单元和两个 2 号梁的总长度和 4 号梁的长度相等

图 22-3 告诉我们，连接时使用平头螺钉把两个梁连接在负载单元两端。使用负载单元进行测量时，要求进行结构组合时螺钉是松散的。这样可以简化我们的分析过程，因为这样可以保证实验对象只受到拉力和压力的作用，而没有其他力矩的引入。

（3）不同结构的静态负载测量

1）普通桥梁结构的静态负载测量

首先按照图 22-4 所示结构，选用合适的组合梁搭建桥梁结构，同时把负载单元接入到桥梁结构中去，通过负载单元测量不同位置处的拉力或者压力。测量过程中可以通过挂钩悬挂不同的载重砝码来进行测量。测量时压力记为正值，拉力记为负值。最后根据力的平衡原理对测量的几个力进行分析。

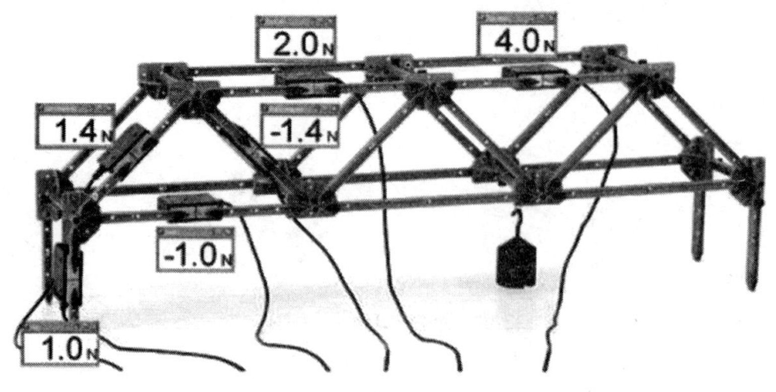

图 22-4 具有负载单元的桥梁结构

2）斜拉桥梁结构的静态负载测量

斜拉桥又称斜张桥，是将主梁用许多拉索直接拉在桥塔上的一种桥梁，是由承压的塔、受拉的索和承弯的梁体组合起来的一种结构体系，如图 22-5 所示。它可看作是拉索代替支墩的多跨弹性支承连续梁，可使梁体内弯矩减小，降低建筑高度，减轻结构重量，节省材料。斜拉桥由索塔、主梁、斜拉索组成。实验中可以利用负载单元测量任何一处结构的受力情况。

图 22-5　斜拉桥结构

2. 作用力与反作用力测量

（1）静止物体间的作用力与反作用力

将拉力传感器（1）固定在桥梁上，拉力传感器（2）轻微拉动传感器（1），记录拉力传感器（1）和（2）的数据到表 22-1，重复测量 6 次。

（2）运动物体间的作用力与反作用力

将拉力传感器（1）和（2）固定在小车上，并通过传感器把两小车连接到一起，小车放到桥梁轨道上，用一小车拉动另外小车运动，记录拉力传感器（1）和（2）的数据到表 22-1，重复测量 6 次。

表 22-1　静止物体和运动物体间的作用力与反作用力

	F_1	F_2	…	F_1	F_2
静止物体					
运动物体					

3. 机械能量守恒

（1）重力做功的物体系统

将小车从斜桥顶端自由运动到斜桥平面，测量斜桥高度和小车在斜桥平面的速度，填入表 22-2。

表 22-2 重力做功物体系统小车的高度和速度

	H/m	V/(m/s)	…	H/m	V/(m/s)
重力做功					

（2）弹力做功的物体系统

在拱桥平面用弹簧将小车弹出，记录弹簧形变量和小车运动速度，填入表 22-3。

表 22-3 弹力做功物体系统弹簧形变量和小车速度

	X/m	V/(m/s)	…	H/m	V/(m/s)
弹力做功					

4. 桥梁振动实验

为了研究系杆拱桥的共振模式，可以先用锤子或者手敲击桥体，然后通过分析振动形式的傅里叶变换找出共振模式。之后可以用正弦形式的振动源驱动桥体，进而找出每一个共振频率。实验中利用 5 个负载单元作为传感器来检测壳体的振动形式。这些传感器沿着桥面逐次排开。对于任何一个共振态，单个负载单元可能会反应剧烈也可能会静止不动，这取决于震荡节点所处的位置。

振动源是由信号发生器驱动的起振器提供的，起振器通过橡皮筋和桥体连接在一起，这样它可以在一个正弦运动周期中对桥体起到推拉作用。振动源的测量可以通过连接在桥体和橡皮筋之间的负载单元来完成。

首先，按照图 22-6 说明搭建系杆拱桥，然后把 5 N 的负载单元连接在桥体上，

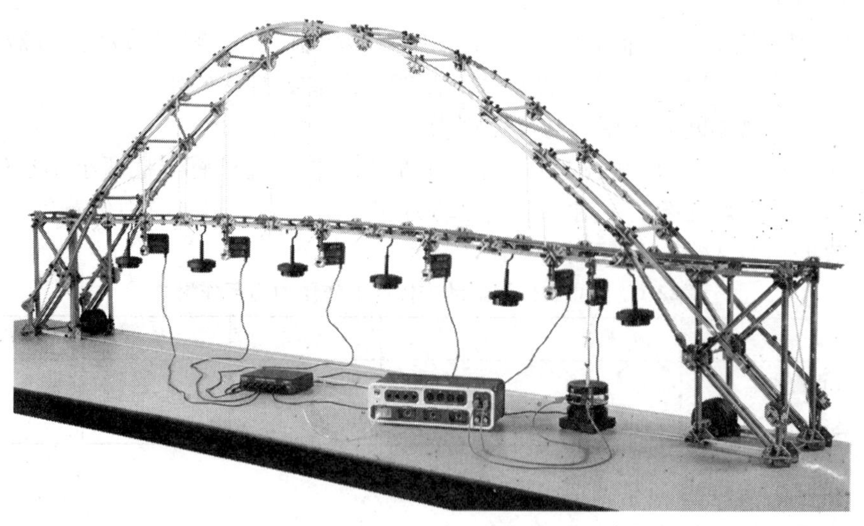

图 22-6 系杆拱桥的振动测量

并根据它们在桥体上的位置顺序分别连接在负载单元扩大器上。同时把 100 N 的负载单元连接到扩大器插孔，并把扩大器连接到 850 接口上。把所有的负载单元置零，用锤子或者手敲击拱桥上方，观察所有负载单元的傅里叶变换图形，并找出每个负载单元处的共振频率。最后打开信号发生器驱动起振器，观察在什么频率下桥梁产生共振，并记录下来。和前面的实验结果进行分析比较。

【注意事项】

1. 实验过程中要保证仪器的成套性，不同实验台之间不得随意调换零器件。
2. 在使用负载单元时注意它的量程。

实验二十三 利用X射线衍射仪测量晶体的晶格常数

X射线技术是研究物质结构的重要手段，广泛应用于物理、化学和生物等领域，其理论基础是X射线物理学和晶体结构学。通过开展简单的X射线衍射物相分析实验，可以了解采用X射线衍射仪进行物相分析的原理，并初步掌握采用X射线衍射仪对单晶进行物相分析的方法。

【实验目的】

1. 学习X射线的产生原理，熟悉X射线仪的构造使用。
2. 学习采用X射线衍射仪进行物相分析的原理。
3. 掌握测量NaCl、LiF等晶体的晶格常数的方法。

【实验室可提供的主要器材】

Leybold X射线装置、NaCl单晶、LiF单晶。

【设计内容】

1. 了解X射线的产生原理和采用X射线衍射仪进行物相分析的原理。
2. 了解X射线晶体分析仪的构造，熟悉其硬件和软件设置。
3. 设计测定NaCl晶体或LiF晶体晶格常数的实验方案并进行测量。

【实验报告要求】

以书面的形式：

1. 阐述实验的基本原理、设计思路和研究过程。
2. 记录实验的全过程，包括实验步骤、现象和数据，并处理数据。
3. 得出实验结果，讨论实验中出现的各种问题。
4. 分析讨论并研究设计分析多晶晶体结构的方案。

【参考书籍与资料】

1. 褚圣麟．原子物理学［M］．北京：高等教育出版社，1979.
2. 张孔时，丁慎训．物理实验教程［M］．北京：清华大学出版社，1991.

实验二十四　不同方法牛顿环测凸透镜曲率半径的研究

【实验目的】

用牛顿环测凸透镜曲率半径的传统方法是大学物理实验中的经典实验，其理论验证、实验技能和数据处理的训练在物理实验中的地位不容置疑。然而随着新技术的不断出现，用牛顿环测凸透镜曲率半径有了新的实验方法，融入了新的技术，反映了时代的步伐。为此本实验力图使实验者通过相同实验题目的不同实验方法进行比较，分析它们的特点，提高全面分析问题的能力。

1. 学习设计用牛顿环测凸透镜曲率半径的不同方案。

2. 比较讨论各不同方案的特点及产生误差原因。

【实验室可提供的主要器材】

读数显微镜、测微目镜、CCD 摄像测量系统（含光具座、微机）、牛顿环、钠光灯、望远镜、光具座、激光器、米尺等。

【设计要求】

1. 自主搭建反射式和透射式牛顿环观测装置各一套，写出计算公式。

2. 选择实验器材，分别确定用反射式和透射式牛顿环测量凸透镜曲率半径的实验方案。

3. 将实验设计方案（书面形式）交指导教师审查，经与指导教师讨论交流后确定实验方案及数据处理方法。

【实验报告要求】

1. 阐述实验基本原理、设计思路。

2. 最终确定的实验方案及具体实验步骤。

3. 实验原理图、实验装置图。

4. 完整的实验数据及表格。

5. 完整的实验数据处理过程及误差计算结果。

6. 分析讨论本教材中所给出的两种方法之利弊。

【注意事项】

1. 器材详细参数请到实验室查询。

2. 最终上交的实验报告需附上原实验设计方案。

【思考题】

1. 提出有别于本实验的新方案，简要说明。

2. 牛顿环的测量有何应用?

【参考书籍与资料】

1. 母国光，战元龄．光学［M］．北京：人民教育出版社，1981.

2. 沈元华．设计性研究性物理实验教程［M］．上海：复旦大学出版社，2004.

实验二十五 用阿贝折射仪测量折射率

【实验目的】

1. 学习利用全反射测量折射率的方法。
2. 学会阿贝折射仪的调整和使用方法。
3. 测定自制样品的折射率。

【实验室可提供的主要器材】

1. 阿贝折射仪
2. 乙醇
3. 蒸馏水
4. 滴管
5. 量杯

【实验内容】

1. 了解利用全反射原理测量折射率的方法。
2. 了解阿贝折射仪的调整和使用方法。
3. 制备待测样品。
4. 测定样品的折射率。

【实验报告要求】

以书面的形式：

1. 阐述实验的基本原理、设计思路和研究过程。
2. 记录实验的全过程，包括实验步骤、现象和数据。
3. 得出实验结果，和预期进行比较，总结该实验的优缺点。

【参考书籍与资料】

1. 林纾，龚镇雄．普通物理实验［M］．北京：人民教育出版社，1982.
2. 杨述武．普通物理实验［M］．2 版．北京：高等教育出版社，1997.

实验二十六　椭圆偏振法测量薄膜厚度与折射率

【实验目的】

椭圆偏振法可测量薄膜纳米级厚度、介质折射率等光学参数及研究介质的表面特性，因其具有测量范围宽、精度高、非破坏性、应用范围广等特点，已在光学、半导体材料、化学、生物学和医学等方面得到了广泛应用。因此，掌握椭偏法测量薄膜厚度及折射率的原理及应用具有重要的意义，同时也有利于激发学生的求知欲和创新精神，培养他们的科学洞察力和判断力，以及发现问题、分析问题和解决问题的能力，培养学生科学研究工作的能力。

【实验室可提供的主要器材】

HJ—1B 型 He-Ne 激光器、硅光电池、偏振片、1/4 波片、1/2 波片。

【设计内容】

1. 根据现有的实验条件设计一个实验方案，验证马吕斯定律。

2. 研究消光法测量椭偏参量从而得到介质的反射系数比，并在第一厚度周期内通过计算机计算介质的厚度和折射率。

3. 设计一个实验方案确定未知样品薄膜的膜厚周期和周期数并进行测定。

【实验报告要求】

1. 阐述实验基本原理、设计思路。

2. 实验原理图、实验装置图。

3. 完整的实验测量数据、实验结果图片及表格。

4. 实验数据处理过程或实验结果分析。

【参考书籍与资料】

1. R. M. A. 阿查姆，N. M. 巴夏拉．椭圆偏振测量术和偏振光［M］．梁民基，等译．北京：科学出版社，1986.

2. 姚启钧．光学教程［M］．3 版．北京：高等教育出版社，2005.

3. 赵凯华．光学［M］．北京：北京大学出版社，1984.

实验二十七 万用电表设计及制作

【实验目的】

万用电表是一种基本的电学仪表，它的测量范围广，构造简单，使用方便，是电磁学实验的必备工具。本实验要求同学们根据已学过的知识，设计并组装一只简易的万用电表。

1. 理解万用电表的基本工作原理、特性和构造组成，学会设计制作万用电表。
2. 设计并组装万用电表，其主要技术性能：

直流电流量程：250 μA，1 mA，5 mA，50 mA，500 mA，2.5 A

直流电压量程：1 V，5 V，25 V，250 V，1000 V

电阻量程：×10，×100，×1 k（中心值 8 Ω）

3. 用标准表校验组装好万用电表相应挡次，并确定组装表的精度等级。

【实验室可提供的主要器材】

1. 万用电表散装件一套、电阻箱、变阻器、惠斯登电桥。
2. 直流稳压电源、标准直流电压表、标准直流电流表、数字万用表。

【设计内容】

1. 测定表头参数（内阻及灵敏度）。
2. 依据表头参数按规定的技术要求，计算出万用电表的直流电流、直流电压、电阻三挡各需要电阻的阻值。
3. 学会万用电表组装、焊接、校验的全过程。
4. 测量并计算出万用电表各挡的精度等级。

【实验报告要求】

1. 阐述设计原理。
2. 表头参数的测定（a. 表头内阻 R_g，b. 表头灵敏度）。
3. 直流电流挡设计原理。
4. 直流电压挡设计原理。
5. 电阻挡设计原理。

（1）实验原理图、实验装置图。

（2）完整的实验测量数据及表格。

（3）完整的实验数据处理过程及确定万用电表各挡的精度等级。

【参考书籍与资料】

1. 王鸿明. 电工技术和电子技术［M］. 北京：清华大学出版社，1999.

2. 张南. 电工学［M］. 北京：高等教育出版社，2001.

附录　CASIO计算器线性回归操作简介

（扫描下方二维码查看使用说明）

1. 按下菜单键，出现主菜单，包括十种可选模式。参见附图。

2. 按下6键，选择统计模式，显示八种统计计算类别。

3. 按下2键，选择（y = ax + b）线性回归，进入统计编辑屏幕，显示x和y两列待输数据列。

4. 按数字键和“=”键输入数据，并通过光标箭头键进行换行和换列。

5. 按下OPTN键，显示统计菜单；按下4键，显示回归计算结果。

附图　CASIO计算器

示例：（数据详见p13表1.4-1）

（[菜单] [6] [2]）

（[1] [0] [.] [5] [=]…… [∨] [>] [1] [0] [.] [4] [2] [=] ……）

（[OPTN] [4]）

序号	t/℃	R/Ω
1	10.5	10.42
…	…	…

练习：p18例1.4-2

参 考 文 献

[1] 程守洙，江之永．普通物理学：下册［M］．6版．北京：高等教育出版社，2006.
[2] 陆廷济，胡德敬，陈铭南，等．物理实验教程［M］．上海：同济大学出版社，2000.
[3] 丁慎训，张连芳．物理实验教程［M］．北京：清华大学出版社，2002.
[4] 吴泳华，霍剑青，熊永红．大学物理实验（第一册）［M］．北京：高等教育出版社，2001.
[5] 沈元华，陆申龙．基础物理实验［M］．北京：高等教育出版社，2003.
[6] 吴晓立，杨仕君，朱宏娜．大学物理实验教程［M］．成都：西南交通大学出版社，2007.
[7] 母国光，战元龄．光学［M］．北京：高等教育出版社，2009.
[8] I S Great，W R Phillips．电磁学［M］．刘岐元，王鸣阳，译．北京：人民教育出版社，1982.
[9] 田民波．电子显示［M］．北京：清华大学出版社，2001.
[10] M Bome，E Wolf．光学原理［M］．杨葭荪，译．北京：科学出版社．1978.
[11] 郑伟佳，李俊科，杨丽娜，等．弦振动实验的改进［J］．物理实验，2011，31（2）：43-46.
[12] 吴明阳，朱祥．动态法测金属杨氏模量的理论研究［J］．大学物理实验，2009，28（3）：29-32.
[13] 朱华，李翠云．低电阻测量中的接触电阻［J］．大学物理实验，2003，16（2）：34-36.
[14] 毛爱华，武娥．大学物理实验［M］．北京：机械工业出版社，2015.
[15] 孙丽媛，祖新慧．大学物理实验［M］．北京：清华大学出版社，2014.
[16] 于建勇．物理实验教程［M］．北京：科学出版社，2015.